한양도성으로 떠나는 힐링여행

한양도성으로 떠나는 힐링여행

글 · 사진 곽한솔
그 림 임진우
사진 협조 인문산책

초판 1쇄 발행 2023년 8월 30일

펴 낸 곳 인문산책
펴 낸 이 허경희

주 소 서울시 은평구 연서로3가길 15-15, 202호(역촌동)
전화번호 02-383-9790
팩스번호 02-383-9791
전자우편 inmunwalk@naver.com
출판등록 2009년 9월 1일 제2012-000024호

ISBN 978-89-98259-38-9 03980

본 도서는 카카오임팩트의 출간 지원금을 받아 만들어졌습니다.

값은 뒤표지에 있습니다.

인문여행시리즈 18

한양도성으로 떠나는 힐링여행

글·사진 곽한솔 | 그림 임진우

인문산책

최고의 힐링 길!

한양도성을 모르는 사람은 있어도 한 번만 가본 사람은 없다!

한양도성 성곽길은 봄·여름·가을·겨울 사계절 중 언제 걸어도 각기 다른 매력을 뽐내는 곳으로, 성곽길을 걸으며 성벽·자연·마을이 어우러진 아름다운 광경을 보고 있노라면 힐링이 절로 될 수밖에 없습니다.

한양도성은 조선왕조 도읍지인 한성부의 경계를 표시하고, 그 권위를 드러내며, 외부의 침입으로부터 방어하기 위해 1396년(태조 5)에 축조된 성으로 이후 여러 차례 개축되며 이어져 왔습니다. 전체 길이 약 18.6킬로미터에 이르는 한양도성은 현존하는 전 세계의 도성 중 가장 오랫동안 (1396~1910, 514년) 도성 기능을 수행했다고 합니다.

그 옛날 과거시험을 보는 선비들과 백성들은 한양도성을 돌며 소원을 빌었고, 이는 도성민들에게도 이어져 이른바 '순성놀이'가 생겼다고 합니다. 제가 한양도성기자단 활동을 할 무렵에는 '코로나 19' 발병이 한창이던 때였습니다. 과거 선비들이 급제를 빌었듯이 저는 '코로나 19'의 종식과 '코로나 블루' 극복을 바라는 마음을 담아 한양도성 전 구간 순성을 시작했고, 한양도성 인근 성곽마을로까지 탐방 범위를 확대했습니다. 그 결과 각 지점을 다녀온 후 탐방 글이 모이게 되었고, 한양도성에서 받은 힐링과 행복을 더 많은 분들에게 전하고자 브런치북 '서울 한양도성 이야기'를 발간했습니다.

온라인상으로 존재하던 이 브런치북은 제10회 브런치북 출판 프로젝트에서 '특별상'을 수상, 종이책으로도 발간되는 기회를 얻어 이렇게 독자분들과 만나게 되었습니다. 한양도성 탐방이라는 특성상 책 출판 작업에는 더 많은 시간이 소요되었지만, 저자와 출판사 모두 한양도성을 더 많은 분들에게 전할 수 있게 되었다는 기대감에 행복한 마음으로 작업할 수 있었습니다.

물론 이 책을 보지 않고 그냥 한양도성을 찾아도 좋습니다. 하지만 한양도성에 대한 배경 지식을 알고 간다면 보다 재미있고 뜻깊은 순성길을 맞이할 수 있기에 이 책을 참고해 주셨으면 합니다. 다만, 탐방했던 시기와 책이 발간된 지금은 그 상황이 조금 다를 수 있다는 점은 감안해 주시기 바랍니다. 책을 본 다음에는 반드시 가이드 역할을 하면서 사랑하는 사람들과 혹은 홀로, 한양도성을 탐방하며 힐링의 시간을 보셨으면 좋겠습니다. 한 번 탐방하신 분들께서는 계절과 탐방 방향을 달리하여 또 걸으시는 것도 추천드립니다. 언제라도 한양도성 탐방은 여러분들께 큰 행복을 안겨드릴 것입니다.

마지막으로 책 출판 작업 과정을 묵묵히 지지해 준 사랑하는 아내와 언제나 깊은 관심을 가져주시는 부모님, 제가 하는 모든 활동을 응원해 주는 친구들, 브런치북 출판 프로젝트 수상을 함께 기뻐해 주신 도로교통공단 직원 여러분들 모두에게 감사의 말씀을 전합니다. 또한 아름다운 한양도성 풍경 그림을 선뜻 제공해 주신 임진우 작가님께도 진심으로 감사드립니다. 그리고 한양도성 보존과 시민을 위한 공간으로 거듭나도록 힘써주시는 서울시와 관계 기관 및 단체 관계자 여러분들, 한양도성을 찾아주시는 모든 시민 여러분들께도 감사드립니다.

'한양의 수도성곽' 유네스코 세계유산 등재 도전, 힘차게 응원합니다!

2023년 8월 곽한솔

차례

부암

성북

이화
충신

창신

행촌

광희
장충

다산

한 양 도 성 성 곽 마 을

★ 한양도성이란?

1392년 7월 17일 조선이 건국되고, 태조 이성계는 1394년 한양으로 수도를 천도하여 먼저 궁궐과 종묘와 사직을 건설하기 시작하였다. 그리고 1395년 도성축조도감(都城築造都監)을 설치하여 수도 한양을 둘러싼 울타리로 성곽 축조 계획을 정도전에게 명하였다. 이에 정도전은 한양의 산세를 조사하여 길이 18.6km의 성곽 계획을 완성하였다. 1396년(태조 5) 북악산(백악산)을 주산으로 남산, 낙산, 인왕산을

있는 성곽을 쌓기 시작하여 1차로 19만 7천 명의 백성들을 동원하여 98일 동안 쌓았다. 18세기까지 보수 증축을 거치면서 성곽의 돌 축성 기술이 시기마다 다르다는 특징이 있다. 현재 남아 있는 구간은 13.7km(전체의 73%)이다.

한양도성에는 4대문과 4소문을 두었다. 4대문으로는 흥인지문(동쪽), 돈의문(서쪽), 숭례문(남쪽), 숙정문(북쪽)을 세웠고, 4소문으로는 혜화문(북동쪽), 소의문(남서쪽), 광희문(남동쪽), 창의문(북서쪽)을 세워 인의예지(仁義禮智)를 상징하였다. 이중 돈의문과 소의문은 소실되었다.

600여 년의 역사를 간직한 한양도성은 2012년 11월 23일 유네스코 세계문화유산 잠정목록에 등재되었으나, 중국의 만리장성과 시안성 등의 성곽들과 유사하다는 논란이 제기되어 정식 등재되지는 못했다. 이러한 논란에 대해서 중국의 성곽이 돌과 흙으로 조성된데 비해 한양도성은 돌로만 축성되고 자연 그대로의 능선을 따라 지어졌다는 차별성을 부각시키고 있으며, 문화재청은 한양도성 · 북한산성 · 탕춘대성을 연계하여 '한양의 수도성곽'으로 유네스코 세계유산 등재에 재도전하고 있다.

★ 한양도성 순성 전에 알아야 할 기본 상식

그 옛날 과거시험을 보는 선비들과 백성들은 한양도성길을 걸으며 소원을 빌기도 하고 즐기는 등 순성(巡城)을 했다고 한다. 내 경우에는 코로나19 종식을 기원하기 위해, 그리고 많은 분들께 한양도성 구간을 소개해 드리기 위해, 또한 랜선 여행 체험을 제공하고자 한양도성 전 구간 순성을 계획하고 실행하였다. 시작 지점에서부터 출발해도 좋고, 종착 지점에서부터 출발해도 좋다. 먼저 한양도성 순성 전에 알아두어야 할 사항들을 체크해 보자.

- ● 한양도성 순성길 구간
  - ■ 1코스 : 백악 구간 (창의문~숙정문~혜화문)
  - ■ 2코스 : 낙산 구간 (혜화문~낙산공원~흥인지문)
  - ■ 3코스 : 흥인지문 구간 (흥인지문~광희문~장충체육관)
  - ■ 4코스 : 남산 구간 (장충체육관~남산공원~숭례문)
  - ■ 5코스 : 숭례문 구간 (숭례문~대한상공회의소 성벽~돈의문 터)
  - ■ 6코스 : 인왕산 구간 (돈의문 터~인왕산~창의문)

- ● 한양도성 성곽마을 구간
  - ■ 1코스 : 성북권
  - ■ 2코스 : 이화 · 충신권
  - ■ 3코스 : 창신권
  - ■ 4코스 : 광희 · 장충 · 다산권
  - ■ 5코스 : 행촌권
  - ■ 6코스 : 부암권

- 한양도성의 문
  - 사대문 : 숭례문, 흥인지문, 돈의문, 숙정문
  - 사소문 : 혜화문, 광희문, 소의문, 창의문
  - 수문 : 오간수문, 이간수문
  - 암문 : 군사 물자 등이 드나들던 작은 문

- 한양도성의 방어시설 : 옹성, 곡성, 치성
- 내사산 : 백악산, 낙산, 남산, 인왕산
- 스탬프 투어 지점 : 말바위 안내소, 흥인지문 관리소,
  숭례문 초소 부근, 돈의문박물관마을 안내소

- 한양도성 앱 설치

한양도성 순성 전 미리 스마트폰 구글 스토어에서 '한양도성 앱'을 설치하기를 추천한다. 앱에서는 한양도성과 구간별 지도 및 주요 지점에 대한 설명을 확인할 수 있고, 오디오 가이드 서비스도 청취할 수 있다. 특히 해당 지점에 도착했을 때 설명 알림이 떠 이해를 위한 도움을 준다.

한양도성박물관

한양도성박물관은 한양도성 전체 구간, 축조와 관리, 훼손과 재탄생에 이르기까지 한양도성에 대해 한눈에 알아볼 수 있는 곳으로, 전시 관람을 통해 한양도성에 대한 지식을 쌓을 수 있는 곳이다. 이러한 지식을 바탕으로 600년 한양도성길을 실제로 오른다면 더욱 풍성하고 재미있는 시간을 보낼 수 있기에 한양도성을 한 번도 오르지 않은 분이라면 더욱이 한양도성박물관을 먼저 방문하기를 강력히 권해드린다.

관람 시간
매주 월요일 휴관
오전 9시~오후 6시
위치
_지하철 1호선 동대문역 1번 출구
_지하철 4호선 동대문역 10번 출구
_102, 107, 108, 301, 7025번 동대문
버스 정류장 이용

한양도성박물관 가는 길

한양도성박물관은 한양도성 낙산 구간 흥인지문공원에 위치하고 있다. 지하철 1호선 및 4호선 동대문역에서 5분 이내 거리여서 접근성이 매우 좋았다. 동대문 버스 정류장에 내린다면 한양도성박물관으로 이어지는 환상적인 성곽길 뷰를 멀리서 감상할 수 있다.

가는 길의 왼쪽에는 흥인지문이 오늘도 위풍당당하게 서 있었고, 오른쪽에는 한양도성 낙산 구간 성곽이 하늘과 맞닿아 있다. 벌써 올해에만 세 번째로 이 일대를 찾았는데, 흥인지문과 한양도성 성곽을 만나는 일은 늘 반가웠다. 한양도성박물관 가는 길에서 내려다본 흥인지문 일대는 언제 보아도 그 아름다운 경관에 감탄이 절로 나왔다.

한양도성박물관 가는 길에 바라본 성곽길의 봄

한양도성박물관의 구성

한양도성박물관은 독특한 디자인의 8층짜리 건물 중 1~3층에 자리 잡고 있다. 3개의 상설전시실과 1개의 기획전시실, 한양도성 자료실 및 학습실로 구성되어 있다.

- 1층 : 상설전시실 1(서울, 한양도성)
- 2층 : 기획전시실과 학습실, 자료실
- 3층 : 상설전시실 2(한양도성의 건설과 관리)

  상설전시실 3(한양도성의 훼손과 재탄생)

상설전시실 1 - 〈서울, 한양도성〉

이곳 전시실에서는 한양도성을 말 그대로 한눈에 볼 수 있다. 먼저 왼쪽에 〈수선전도首善全圖〉가 눈에 들어왔다. 1820년 수도 한양의 모습을 그린 실측 지도이다. '수선(首善)'이란 '으뜸가는 선(善)을 건설함은 서울에서 시작된다'고 하는 데에서 온 말이다. 〈수선전도〉 오른쪽에는 '서울, 한양도성 어제와 오늘'이라는 제목으로 한양도성의 연도별 역사를 문구로 꾸며 놓은 벽면이 있다.

다음으로 한양도성에 대해 소개하는 영상과 함께 모형이 눈에 들어왔다. 한양도성 전체 구간을 리플릿을 통해 그림으로만 보았는데, 이렇게 모형으로 한눈에 볼 수 있어 이해가 쉬웠다. 어린이 관람객도 이 모형을 흥미롭게 관람할 정도로 백문이 불여일견이다. 다른 전시실에서도 모형과 영상을 볼 수 있었는데, 이것이 박물관이나 전시관의 묘미가 아닌가 한다.

〈수선전도〉

한양도성 6개 구간

한양도성의 총 6개 구간—백악·낙산·흥인지문·남산·숭례문·인왕산—에 대한 설명과 함께 각 구간에 대한 자세한 안내가 이어졌다. 이번 한양도성 순성길은 이 안내를 토대로 구성되었다. 아직 한 번도 한양도성을 오르지 않은 분들이라면, 한 구간씩 돌아보며 순성하는 데 도움이 되길 바란다. 개괄적으로 소개하자면 아래와 같다.

1. 백악 구간 : 도성의 서북문 창의문에서 백악산을 넘어 북대문 숙정문을 지나 동북문 혜화문에 이르는 구간이다. 한양도성은 백악 정상을 기점으로 축성되었으며, 축성 시기별 원형이 가장 잘 남아 있다.

2. 낙산 구간 : 혜화문에서 낙산을 넘어 흥인지문까지 이어지는 구간이며, 내사산 중 가장 낮다. 가톨릭대학교 뒷길에서는 시기별 달라진 축성 모습을 비교해 볼 수 있고, 장수마을과 이화마을 등 옛 마을의 정취를 느낄 수 있는 성곽마을도 연계하여 둘러볼 수 있다.

3. 흥인지문 구간 : 흥인지문에서 광희문을 지나 장충체육관에 이르는 구간으로, 지대가 가장 낮은 구간이다. 한양도성의 수문인 오간수문터와 복원된 이간수문이 존재한다. 광희문 성벽을 따라 장충동 주택가 지역으로 들어서면 한양도성 성벽의 모습은 볼 수가 없다. 다만 주택의 담장 및 축대의 흔적이 남아 있다.

4. 남산(목멱산) 구간 : 장충체육관에서 백범광장까지의 구간으로, 남산의 정상 부근에는 봉수대가 있다. 남산의 동쪽 능선을 따라 조성된 나무계단길 옆에는 태조 때 축조한 성벽이 원형을 유지한 채 상당 부

분 남아 있다.

5. 숭례문 구간 : 백범광장에서 돈의문 터까지의 구간으로, 한양도성의 훼손이 가장 심한 곳이다. 대한상공회의소에서 퍼시픽 타워까지 이어지는 곳에 성벽의 일부가 담장처럼 남아 있고, 정동에 위치한 창덕여자중학교 담장 아랫부분에서 50미터 정도 네모반듯한 성벽의 일부를 볼 수 있을 뿐이다.

6. 인왕산 구간 : 돈의문 터에서 시작해 인왕산을 넘어 윤동주 시인의 언덕 및 창의문까지의 구간이다. 인왕산은 거대한 바위가 노출되어 있는 바위산으로 치마바위, 선바위, 기차바위 등 기괴 암석이 많다.

디지털 스크린

이곳 전시실에는 한양도성에 관한 영상 및 디지털 순성을 체험할 수 있는 스크린이 있어 한양도성과 그 구간을 간접적으로 체험할 수 있다. 물론 한양도성은 꼭 직접 가봐야 한다. 계절에 따라, 그리고 방향에 따라 색다른 아름다운 경관을 자랑하는 한양도성을 디지털로만 만나서 되겠는가. 다만 디지털 스크린으로 그 맛보기를 할 수 있다는 점에서 의미가 있다고 생각한다.

1층 상설전시실 1에서는 한양도성과 전체 구간에 대한 개괄적인 내용을 확인할 수 있어 한양도성을 알아가기에 안성맞춤인 곳이다. 그렇게 첫 번째 전시실 관람을 마치고, 기획전시실 등이 있는 2층으로 향했다. 계단을 오르면서 보니 긴 스크린이 눈에 들어왔다. 이는 다음 전시실에 대한 기대를 높였다.

기획전시실 - 〈한양도성 옛 모습 사진전〉

기획전시실은 주기적으로 그 전시물이 바뀐다. 지난번까지는 광희문과 관련된 기획전시가 개시되었다. 비록 지금은 종료되었지만, 한양도성박물관 홈페이지(전시-기획전시)에서 AR 관람을 할 수 있다. 이전에 개최되었던 기획전시들도 일부를 제외하고는 이와 같이 온라인 관람과 리플릿 등 파일의 다운로드가 가능하다. 매우 유익한 전시가 많으니 꼭 관람해 보길 추천해 드린다.

방문한 날에는 한양도성 옛 모습의 사진들이 전시되어 있었다. 한양도성 성문의 옛 모습 사진이 인상적이었는데, 특히 흥미로웠던 사진은 한양도성의 사소문(四小門) 중 하나인 '소의문(昭義門)' 사진이었다. 지금은 사라져서 존재하지 않는 문이기에, 이 귀한 사진 한 장으로 그 모습을 상상할 수 있게 해 주었다.

지금은 사라진 일제강점기 당시의 소의문

상설전시실 2 - 〈한양도성의 건설과 관리〉

한양도성 축조의 시작과 완성까지의 과정과 성문의 개폐, 도성의 관리 등의 내용을 확인할 수 있는 곳이다.

숭례문 모형

먼저 대한민국 국보 '숭례문'의 모형이 눈길을 사로잡았다. 몇 년 전 화재 이후 복원된 모습의 모형이었는데, 이 모형을 통해 지금은 도로 한가운데 있는 실제 숭례문의 좌우와 앞뒤 및 상하 방향으로 자세히 들여다볼 수 있어 매우 좋았다. 버스를 타고 다니면서 숭례문 현판이 있는 정면은 자주 보았지만, 그 반대편을 제대로 본 것은 처음이었다. 숭례문 구간을 순성할 때, 익숙하지 않았던 반대편의 모습을 살펴보는 것도 흥미로울 듯했다.

숭례문 모형

수도 한양의 시작

'수도 한양의 시작'이라는 제목 아래 조선 건국과 한양 천도, 도성 조영의 원리에 관련된 내용이 있었는데, 특히 태조부터 영조까지의 축성 연대기가 게시되어 있어 개인적으로 매우 유익했다.

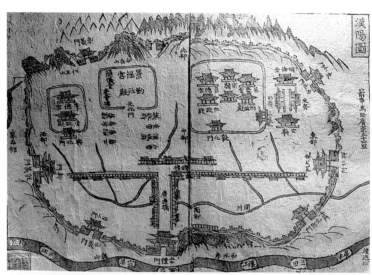

한양의 도시 구조를
보여주는 〈한양도〉

도성 축조와 인력의 운영

'도성의 축조와 인력의 운영'과 관련된 내용을 보면, 도성의 축조는 '도감'에서 담당했다. 그리고 전국 각 도의 백성들이 도성의 축조에 참여했다는 내용도 있었다. 또한 어떠한 과정을 거쳐 어떻게 성을 쌓았는지에 대해서는 모형과 영상을 통해서 자세하게 설명해 주었다.

'축성 인력의 관리' 영역에서는 터치 스크린을 통해 '공사 현장에서 인부가 도망치거나 집단으로 이탈하는 경우 어떻게 될까?' 등 질의에 대한 답이 있었는데, 한양도성에 대한 궁금증을 불러일으켜 무척 흥미로웠다. 농번기에 농사 지으랴, 농한기에 성 쌓으랴. 그야말로 백성들이 얼마나 고통스러웠을지 짐작하게 하는 대목이다.

도성의 구조와 시설

도성의 성벽을 둘러싸고 있는 문에 대해 설명하고 있다.

- 사대문 : 흥인지문, 돈의문(소실), 숭례문, 숙정문
- 사소문 : 광희문, 소의문(소실), 혜화문, 창의문
- 수 문 : 이간수문, 오간수문
- 암 문 : 군사 물자 등이 드나들던 작은 문

디지털로 만나는 '돈의문'

돈의문의 현판과 설명이 담긴 터치 스크린이 있었다. 터치 스크린을 잘 활용하면 지금은 존재하지 않는 돈의문에 대한 정보를 얻을 수 있다.

1711년(숙종 37)에 중건되어 1915년까지 문루에 걸려 있던 것을 복원 제작한 것으로, 원본은 국립고궁박물관에 소장되어 있다.

도성의 관리 조직과 운영 등

성곽 수리와 성문의 개폐 등 도성의 관리 조직과 운영에 관한 내용을 전시하고 있다. 무엇보다도 놀이와 예술, 의례와 신앙 등 도성민의 삶에 대한 내용은 흥미로웠다. 또한 '그림 속의 한양도성'에서는 옛 그림 속에 숨어 있는 한양도성을 디지털 화면으로 보여주는데, 한참을 화면 앞에 서서 옛 그림 속에 표현된 한양도성의 아름다움에 빠졌다.

마지막으로 한양도성과 관련한 도구와 기록이 담긴 서적, 그리고 남아 있는 유물 전시를 둘러보았다. 대부분의 전시실이 모형과 영상 위주여서 박물관보다는 전시관의 느낌이 더 들었다면, 이곳에 전시된 유물들을 연이어 보니 비로소 여기가 박물관이구나 하는 느낌을 한층 더 받을 수 있었다.

상설전시실 3 - 〈한양도성의 훼손과 재탄생〉

전시실에 들어서니 흥인지문 모형이 눈에 들어왔는데, 시각적으로 박물관 내에서 가장 눈에 띄는 멋있는 모형이었다. 그런데 자세히 살펴

옹성의 구조물로 표현된 흥인지문 모형

보니 더 놀라웠다. 적의 방어를 용이하게 하기 위해 구축한 옹성과 치성 등이 잘 표현되어 있었다. 또한 지금 제 위치에 있지 않은 오간수문이 성벽과 연결되어 있었는데, 불빛의 효과로 마치 물이 수문을 통해 나가는 듯한 모습도 연출되었다.

한양도성의 훼손

이곳 전시실에서는 한양도성이 언제 어떻게 훼손되고 복구되었는지에 대한 내용도 확인할 수 있다. 일제강점기 및 근대화 시대에 한양도성의 훼손은 가속화되었다. 일본은 아예 '성벽처리위원회'라는 것을 설치하여 상당 부분의 성벽을 철거시켰다. 전차가 다니면서 숭례문 및 흥인지문의 좌우 성벽이 헐렸다. 근대 국가의 개조라는 명분 아래 600여 년의 찬란한 문화유적이 한순간에 훼손된 행위는 참으로 어이없었다. 도로 구축과 택지 개발로 인해서도 성벽은 헐렸고, 그 성돌은 다른 건축의 재료로 쓰였다.

일제강점기는 어쩔 수 없었다 해도 해방 이후 우리 선조들이 남겨 놓은 문화유적에 대한 낮은 인식으로 인해 성벽이 훼손된 것은 매우 안타깝다. 민가에서는 성벽을 축대로 사용하여 집을 지었고, 정부와 교육기관 및 종교기관에서도 성벽을 훼손하면서 건물을 짓거나 도로를 만들었으니 정말 비극적인 일이었다. 한양도성을 세계문화유산으로 지정하기 위한 준비 과정에서 현재 성벽이 없어진 지역의 성벽을 최대한 복구해 나간다면, 한양도성에 대한 관심도 복구되지 않을까 하는 희망을 가져본다.

한양도성의 복원

훼손이 심했던 한양도성은 북한군 특수부대가 서울까지 침투했던, 이른바 1968년 발생한 1·21 김신조 사건 이후 국가의 안보를 위해 정부에서 숙정문을 보수하기 시작하면서 복원되기 시작했다. 1974년 이후에는 '서울성곽복원위원회'와 '서울성곽복원사업추진본부'가 구성되어 멸실 구간의 성벽을 새로 쌓고, 무너진 부분을 보수 공사했다. 그 결과 1982년 9.7킬로미터를 새로 쌓았는데, 개탄스럽게도 성벽 뒤채움을 콘크리트로 하는 등 한양도성의 진정성을 훼손하는 문제도 발생했다. 이 또한 복원 역사의 한 과정에서 일어나는 아쉬운 일이겠지만, 앞으로의 성벽 보수 및 새로 쌓는 공사에서는 최대한 한양도성의 진면목을 살릴 수 있기를 기대해 본다.

한양도성 흔적의 발굴, 시민의 도성으로!

2000년대 들어서 한양도성의 흔적을 꾸준히 발굴한 점은 매우 고무적인 일이라 생각한다. 덕분에 이렇게 박물관에서 한양도성 유물 관람도 할 수 있게 되었다. 앞으로 더 많은 유물이 발견되어 명실상부한 한양도성박물관으로 자리잡아 시민들의 발길이 이어진다면, 한양도성길로 더 많은 시민들을 인도하지 않을까 싶다.

또한 2000년대 이후 백악 구간이 시민에게 개방되는 등 한양도성이 시민에게 열린 도성으로 나아가고 있다는 점도 다행이라고 생각한다. 이러한 노력들이 있기에 머지않아 한양도성이 유네스코 세계문화유산으로 당당히 지정되기를 간절히 소망해 본다.

한양도성 혜화동 전시 · 안내센터

    600여 년의 역사를 간직한 수도 한양과 한양도성의 배경 지식을 알고 순성길에 오르면 더욱 흥미로운 시간을 보낼 수 있다. 한양도성에 대해 전반적 배경 지식을 안내하는 곳으로 흥인지문공원에 위치한 '한양도성박물관'과 함께 혜화문 근처의 '한양도성 혜화동 전시 · 안내센터'와 남산의 '한양도성유적전시관' 등이 있는데, 그중 규모가 아담하면서도 한양도성을 축약해 놓은 곳이 '한양도성 혜화동 전시 · 안내센터'다. 한양도성을 한 번도 방문하지 않은 분들에게는 필수 코스로 방문해야 하는 곳으로, 순성 전 꼭 방문해 보시기를 권해드린다.

해설 프로그램 예약 및 신청

한양도성을 순성할 때마다 느끼는 것은 '아는 만큼 보인다'라는 사실이다. 한양도성 혜화동 전시·안내센터를 방문하여 개인적으로 관람해도 물론 좋지만, 해설사님의 해설을 듣는다면 보다 유익할 뿐만 아니라 한양도성에 대해 더 알아가는 시간을 보낼 수 있을 것이다.

해설 예약은 서울특별시 공공서비스 예약 홈페이지에서 '옛 서울시장 공관의 역사와 한양도성의 의미'라는 제목을 찾아 신청하면 된다(검색창에 '혜화동'이라고 입력해도 된다). 해설 예약 시간은 오전 10시, 오후 2시, 오후 3시 30분이며, 매회 관람 인원 15명으로 제한하고 있다.

관람 시간
매주 월요일 휴관
오전 9시~오후 5시 30분
위치
지하철 4호선
한성대입구역 5번 출구

한양도성 혜화동 전시·안내센터

혜화문 경유 방문

혜화동 전시·안내센터를 방문하기 전, 바로 앞에 위치한 혜화문을 먼저 찾았다. 백악 구간의 마지막 지점이자 낙산 구간의 시작 지점인 혜화문은 올해만 벌써 세 번째 방문이다. 혜화동 전시·안내센터로 가기 위해 혜화문을 통과한 뒤 오른쪽 계단 위로 올라갔다. 성벽 위는 오를 때마다 기분이 좋다. 아름다운 주변 경관을 감상할 수 있기 때문이다. 그렇게 기분 좋은 감상을 하며 조금만 걸어가면 건너편에 위치한 붉은 지붕을 한 하얀색 건물의 혜화동 전시·안내센터를 볼 수 있다. 계단으로 내려오면 혜화동 전시·안내센터의 이정표가 나오고, 왼쪽 담을 따라가니 곧 입구에 도착했다.

혜화문 계단을 올라와서 본 성벽

혜화문 성벽 위에서 바라본 한양도성 혜화동 전시 · 안내센터

　혜화동 전시 · 안내센터는 서울시장들이 거주하던 공간을 건축가 최
욱이 리노베이션을 해서 2016년 개관하였다. 새하얀 건물과 나무가 어
우러진 안내센터 입구의 모습이 매우 정갈했다. 혼자 방문해도 좋지만,
가족 혹은 친구나 연인과 함께 이 예쁜 광경을 본다면 더욱 즐거운 시
간을 보낼 수 있으리라. 입구를 통과해 나무에 둘러싸인 계단길을 오르
니 그 위에 감탄할 정도로 새하얀 모습의 예쁜 옛 서울 공관 건축물이
나를 맞이해주었다. 나무 기둥과 천장 골조 등 집의 뼈대가 눈에 들어
왔다. 구옥인 만큼 분위기가 고즈넉하고 감성이 넘치는 공간이었다.

1, 2층 전시실

　한양도성 혜화동 전시 · 안내센터는 2층 건물로, 1층은 한양도성과 관련된 전시 공간이며, 2층은 시장 공관과 역대 시장 및 혜화동 27-1 번지의 역사를 소개하는 공간이다.

- 제1전시실 : 한양도성과 혜화문
- 제2전시실 : 시장 공관과 한양도성
- 제3전시실 : 시장 공관과 역대 시장
- 제4전시실 : 혜화동 27-1번지의 역사
- 제5전시실 : 대한뉴스로 본 서울시장 공관의 문화행사 소개, 한성 판윤~서울시장 연표

한양도성 축조의 역사

1392년 태조 이성계에 의해 세워진 조선왕조는 건국 이후에 먼저 궁궐과 종묘, 사직을 세웠다. 그다음으로 적으로부터의 방어 및 백성 통제를 위해 한양도성을 건축했다. "나라도, 임금도 백성을 위해 존재할 때만 가치가 있다"는 성리학적 사상에 입각한 삼봉 정도전(1342~1398)이 주축이 되어 한양의 내사산인 백악산(북악산), 낙산, 목멱산(남산), 인왕산의 지형을 이용하여 1396년(태조 5) 길이 18.6km의 한양도성이 축조되었다.

축조 시기별 성벽의 형태

- 14세기 : 태조 시기 축성(1396년)

최초의 한양도성은 강원권·전라권·경상권 등 전국 각지의 백성들 약 19만 7천 명이 불과 여름철 49일, 겨울철 49일 기간 동안 쌓았다고

기록되어 있다. 이처럼 축조되는 데 단 98일이 걸린 것이다. 산지는 자연석을 거칠게 다듬은 돌을 활용한 석성(石城)으로, 평지는 토성(土城)으로 축성했다. 즉, 처음에는 돌과 흙이 뒤섞인 성이었다. 물론 지금 우리가 알고 있는 네모반듯한 돌은 아니지만, 그래도 그 방대한 길이의 성을 불과 100일이 채 안 되는 기간 안에 쌓았다는 사실은 매우 놀라웠다. 이 대목에서 해설사님은 질문을 던지셨다.

"왜 서울·경기권 백성은 한양도성에 축조에 참여하지 않았을까요?"

내 마음속 추측과 정답은 일치했다. 서울·경기권 백성들은 앞서 궁궐과 종묘사직의 축조에 동원되었기 때문에 한양도성의 축조에는 참여하지 않은 것이었다.

"그렇다면 왜 여름철 49일, 겨울철 49일 기간에 축조했을까요?"

한 참여자가 바로 정답을 맞혔다. 농번기에는 농사를 지어야 했기에 농한기인 여름과 겨울에 축조한 것이다. 농번기에 농사, 농한기에 건축이라니. 너무한 것 아닌가? 백성들의 피땀과 희생으로 지어진 최초의 한양도성이다.

■ 15세기 : 세종 시기 축성(1422년)

1422년(세종 4) 1월 평지의 토성을 석성으로 고쳐 쌓는 등의 대대적인 재정비가 이루어졌는데, 이때는 전국의 백성 약 32만 명이 한 달 반 정도의 기간 동안 쌓았단다. 이때의 성돌은 동글동글한 옥수수알 모양으로 다듬어 사용했다고 한다.

해설사님께서 이 시기에 무려 900명의 백성이 사망했다며, "우리
가 아는 세종은 성군으로 알려져 있는데, 왜 이렇게 백성들을 희생시
켰을까?"라는 질문을 던지셨다. 이 물음에는 참여자 누구도 대답하지
못했다. 알고 보니 세종의 집권 초기여서 이때는 왕의 권한이 매우 약
했다고 한다. 즉, 선왕인 태종의 영향과 권한이 강하여 백성들이 희생
하며 성을 쌓는 일이 벌어진 것이다. 세종 시기의 재정비 작업이었지
만, 사실상 태종 시기에 작업한 것이라 생각해도 될 듯했다. 이런 비하
인드 스토리는 정말 해설사님의 설명이 아니고서야 알 수 없는 이야
기였다.

- 18세기 : 숙종 시기 축성(1704년)

한양도성은 임진왜란과 병자호란을 겪으면서 크게 허물어지게 되
었다. 그리하여 그 이후 숙종 시기에 무너진 구간을 여러 차례에 걸쳐
새로 쌓았는데, 이때는 군인들이 주로 참여했다. 어영청, 금위영, 훈련
도감 소속 군인들이 약 7년간에 걸쳐서 보수했으며, 성돌 크기를 가
로・세로 약 40~45cm 내외의 정방형으로 규격화하였다. 즉, 우리가
생각하는 정사각형 모양의 성돌은 바로 이 시기부터 사용된 것이다.

- 19세기 : 순조 시기 축성(1800년)

순조 시기에는 성돌 크기를 가로・세로 약 60cm 가량의 정방형으로
보다 정교하게 다듬어 쌓아 올렸다는 특징이 있다.

한양도성 혜화동 전시·안내센터 성벽

이상으로 축조 시기별 성벽 축조의 역사를 살펴보았는데, 바로 혜화동 전시·안내센터의 담장 성벽을 통해서도 축조 시기별 성벽의 형태를 확인할 수 있다. 따라서 혜화동 전시·안내센터 내부 관람을 마친 뒤 집으로 돌아가기 전, 꼭 담장 둘레를 돌며 축조 시기별 성벽을 확인해 보시길 바란다.

한양도성의 문

한양도성의 문은 수문(水門)인 오간수문(五間水門)과 이간수문(二五水門), 다수의 암문 등 여러 형태가 존재하는데, 대표적인 문은 사대문(四大門)과 사소문(四小門)을 들 수가 있겠다.

한양도성의 사대문은 동쪽의 흥인지문(興仁之門), 서쪽의 돈의문(敦義門), 남쪽의 숭례문(崇禮門), 북쪽의 숙정문(肅靖門)으로, 그 이름의 중간 글자를 모으면 인의예지(仁義禮智)를 적용하였음을 알 수 있다. 다만 숙지문이 아니라 숙정문이라고 한 이유는 학자들도 명확히 결론을 못 내리고 있다. 백성이 왕보다 지혜로울 수 없다고 하여 '지(智)'자를 쓰지 않았을 것이라고 추론할 뿐이다.

[흥인지문]

한양도성의 동쪽 문으로 일명 동대문(東大門)이라고 불리는 문이다. 보물로 지정되었고, 한양도성을 대표하는 문이다. 흥인지문 밖에는 사냥터가 있었고, 왕릉에 참배하러 갈 때 통과한 문이다. 현재의 모습은 1869년(고종 6)에 다시 지은 것으로, 1907년 일제강점기 때 좌우 성벽이 헐려 지금과 같은 모습이 되었다. 안팎의 평평한 지형을 보완하도록 문 바깥 쪽으로 반원형의 성벽을 더 쌓은 옹성(甕城)과, 이간수문과 연결된 치성(雉城)의 형태를 띠고 있다.

[돈의문]

도성의 서쪽 끝에 자리 잡은 돈의문은 1422년(세종 4)에 세워졌고, 주로 사신들이 출입하던 문이었다. 그 이전에는 조금 다른 위치에 '서전문(西箭門)'이라는 문이 있었으며, 이를 서쪽 출입문으로 활용했다.

그런데 서전문에서 돈의문으로 출입문을 바꾼 이후에 백성들은 어려운 말인 돈의문 대신 '새로 낸 문'이라고 하여 '새문'이라고 불렀고, 여기에서 현재 이 일대의 도로 명인 '새문안로'라는 명칭이 나왔다고 한다. 그런데 이러한 돈의문은 일제강점기 때 헐어 없애 현재는 존재하지 않는다. 지금은 돈의문이 있던 자리에 새문안로 길이 나 있어 복원이 불가한 상황이지만, 언젠가는 위치를 옮겨서라도 복원이 이루어졌으면 하는 바람이다.

[숭례문]

국보인 숭례문은 한양도성의 남쪽 문이라 하여 남대문(南大門)이라고 불렸고, 공식적인 정문의 역할을 함에 따라 왕이 행차했던 문이었다. 1398년(태조 7)에 세워진 문으로, 서울에서 가장 오래된 목조 건축물이다. 한양의 출입문이어서 매일 밤 인정(오후 10시쯤) 때 문을 닫았다가 다음날 아침 파루(새벽

4시쯤) 때 문을 열었는데, 문루에 종을 달아 그 시각을 알렸다. 당시에는 숭례문 이남은 모두 경기도였으며, 이때부터 숭례문 도성 밖에 시장이 발달했으니 남대문 시장의 역사가 얼마나 오래되었는지 알 수 있다.

[숙정문]

 북쪽은 음습하고 불길하다고 여겨 사람이 다니지 않았으며, 길도 내지 않았다고 한다. 비가 내리지 않아 가뭄이 들어 기우제를 지낼 때에만 양의 기운인 숭례문을 닫고 음의 기운인 숙정문을 열었다고 한다. 단순히 산악 지형이라 문을 잘 활용하지 않았을 것이라고 생각했는데, 숙정문에 대한 또 다른 역할이 있었다고 하니 새롭게 또 하나의 한양도성 배경 지식을 쌓을 수 있었다.

[혜화문]

 성곽을 축조하면서 함께 세워졌는데, 1396년(태조 5)에 완공되었다. 본래 한양도성의 동북문인 혜화문(惠化門)의 명칭은 홍화문(弘化門)이었는데, 창경궁의 정문이 홍화문으로 명명되면서 한양도성이 궁궐보다 낮은 위치였기에 그 이름을 빼앗기게 되었다. 그리하여 중종 때 혜화문이라는 이름이 붙여졌고, 숙정문이 거의 활용되지 않았기에 실질적인 한양도성의 북문의 역할을 담당했으며, 강원도민 및 함경도민, 그리고 사신들이 드나들던 문이었다. 현재의 혜화문은 본래 위치보다 조금 더 북쪽인 현 위치에 1994년에 재건된 것이다. 혜화동 전시·안내센터 1층에는 하늘에서 바라본 이 일대 전경 사진이 함께 전시되어 있다.

[광희문]

홍인지문 인근에 있는 광희문은 태조 때부터 수구문(水口門)이라 불리기도 했으며, 일반 백성들의 장례 행렬이 나가는 문이라 해서 시구문(屍口門)이라고도 했다. 이러한 영향으로 광희문 밖에는 노제가 빈번히 행해졌고, 무당 집들이 많아 신당리로 불리게 되었다. 처음에는 '귀신 신(申)'자였다가 후에 '새 신(新)'으로 바뀌었으며, 오늘날의 신당동이 이렇게 유래되었다.

[소의문]

숭례문과 돈의문 사이의 문으로, 1396년(태조 5) 소덕문(昭德門)이라 하였다가 1744년(영조 20) 문루(門樓)를 세우면서 소의문(서소문)으로 고쳤다. 조선시대 소의문 밖은 처형장이 있었으며, 돈의문과 마찬가지로 지금은 존재하지 않는 문이다.

[창의문]

숙정문과 마찬가지로 북쪽의 음습하고 불길한 문이라 하여 사람들이 잘 다니지 않았던 문이었다. 다만, 인조반정 때 창의문을 통해 반정에 성공한 이후 문도 꾸미고 사람들도 드나들게 되었다. 창의문에는 한양도성의 문 가운데 유일하게 문루 양식이  그대로 남아 있어 다른 문을 복원할 때 크게 참조가 되는 문이다.

성벽의 구조

한양도성과 관련된 해설의 마무리는 성벽의 구조에 관한 내용이다. 우리가 볼 수 있는 외벽은 돌로 쌓고, 안쪽은 흙과 잡석으로 채워서 쌓았다고 한다. 성벽은 체성(體城: 성벽의 몸체)과 여장(麗藏)으로 구성된다. 체성은 성벽을 이루는 몸체를 의미하고, 여장은 체성 위에 조성된 낮은 담장으로 아군이 몸을 숨긴 채 총과 화포를 쏠 수 있는 시설이다. 옥개석(屋蓋石)은 여장 위에 올려진 지붕돌로, 빗물이 체성으로 스며드는 것을 방지하고 유사시 지붕돌을 밀어 성 위로 올라오는 적을 방어하는 데 쓰였다.

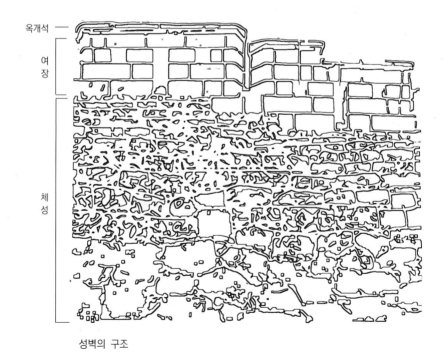

성벽의 구조

가옥의 역사

2층으로 이동해 이 건물의 역사에 대한 설명을 간략히 들을 수 있었다. 옛 서울시장 공관이었던 이 건물은 서울 시내에 몇 안 남은 목조 건축물이다. 1941년 일제강점기에 일본인이 거주할 목적으로 건물을 지었기에 일본식 구조이며, 우리나라 사람이 건축을 했기에 조선의 양식도 띠고 있다. 한편으로는 서양의 기법도 융합되어 지어졌다고 한다. 그런데 5년 후 광복 시기를 맞이하면서 일본인 집주인은 가옥을 두고 떠나게 되었다. 그 후에도 한국인 개인의 가옥으로 사용되다가 1959년 적이 남긴 가옥 재산을 뜻하는 적산가옥이 되어 나라에서 운영하였다. 1959년부터 20년간은 대법원장 공관으로 사용되었는데, 이곳에서 4·19 혁명재판의 판결문이 작성되는 등 대한민국 사법부의 역사적 현장이었다.

1981년 13대 박영수 시장 때부터 2013년 35대 박원순 시장까지 서울시장 공관으로 쓰였다. 그러다가 한양도성을 유네스코 세계문화유산으로 등재하기 위해 노력하는 과정에서 이 건물이 한양도성과 성벽을 면하고 있기에 80년 가까운 오랜 이야기를 보존하자는 의견에 따라 지금의 한양도성 혜화동 전시·안내센터로 활용하게 되었다.

현재 2층에는 역대 서울시장의 연혁과 그 기증품, 가옥이 품고 있는 건축사적 의미, 성북구를 기반으로 활동한 문인들에 관한 내용이 전시되어 있다. 백악 구간 내 위치한 혜화동 전시·안내센터는 낙산 구간 시작점 혜화문과도 바로 직접적으로 연결되는 만큼 이 구간을 순성하실 분들은 전시·안내센터를 연계하여 순성하기를 추천해 드린다.

바깥 전경

건물을 나오면 카페가 있는 왼쪽에 매우 아름다운 공간이 있다. 정반대 편인 건물 오른쪽 방면에는 또 다른 예쁜 공간이 있다. 특히 여기서 바라보는 성북동 마을의 모습이 무척 멋졌다. 서울시장 공관으로 사용된 이유가 이렇게 경관이 아름다웠기 때문이었구나 싶었다. 이처럼 한양도성 혜화동 전시 · 안내센터에서는 축조 시기별 다른 형태의 성벽과 여장, 성북동 마을의 아름다운 경관, 그리고 바로 건너편 혜화문까지 연계하여 관람할 수 있다. 즉, 한양도성의 성문, 성벽, 성곽마을의 경관을 모두 볼 수 있어 한양도성 전 구간의 축소판이라 할 수 있을 것이다. 그래서 한양도성을 처음 접하시는 분들에게 이곳을 강력히 추천해 드리는 바이다.

혜화동 전시 · 안내센터 왼쪽의 카페 공간

한양도성 순성길
1코스 백악 구간

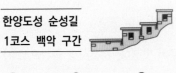

① 창의문

② 창의문 안내소

③ 돌고래 쉼터

④ 백악 쉼터

⑤ 백악마루

⑥ 1 · 21 사태 소나무

⑦ 청운대

⑧ 암문

⑨ 곡성

⑩ 촛대바위

⑪ 숙정문

⑫ 말바위 안내소

⑭ 서울우수 조망 명소

⑮ 혜화문

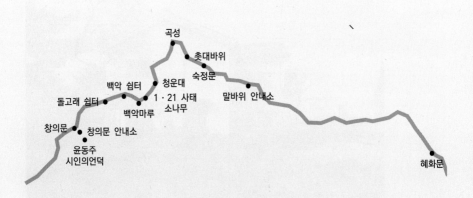

1코스

한양도성 순성길

― 백악 구간 ―

▐ 순성(巡城)이란 도성(都城)을 도는 것을 말하며, 조선시대 과거 급제를 바라는 선비나 한양 사람들은 한양도성 성곽을 돌며 소원을 빌고 경관을 즐기는 '순성놀이'를 즐겼다고 전해진다. 사적 한양도성은 그 둘레가 18.6킬로미터로, 하루에 다 돌기보다는 6개의 구간 —백악·낙산·흥인지문·남산·숭례문·인왕산—으로 나누어 순성하기를 권장해 드린다.

한양도성 6구간 중 가장 험난하지만, 산세가 가장 아름답다는 백악 구간을 첫 번째 순성 구간으로 선택했다.

1코스   백악 구간은?

창의문에서 출발해 숙정문을 거쳐 혜화문에 이르는 총길이 4.7킬로미터의 구간(약 3시간 소요)으로, 6개 구간 중 가장 오르기 힘들다고 알려진 구간이다. 1968년 북한 특수부대원들이 청와대로 남침한 1·21 사태로 출입이 통제되었다가 2007년 40년 만에 시민들에게 개방되었다. 다른 구간과는 달리 그 개방 시간이 정해져 있다. 겨울(11월~2월)은 오전 9시에서 오후 5시까지, 봄(3월~4월)과 가을(9월~10월)은 오전 7시에서 오후 6시까지, 여름(5월~8월)은 오전 7시에서 오후 7시까지 개방하고 있다.

● 백악산(북악산)

한양도성을 동서남북으로 둘러싸고 있는 4개의 산을 서울 안쪽에 있다고 하여 내사산(內四山)으로 부른다. 그중 북쪽에 있는 산이 백악산(白岳山)이며, 북악산(北岳山)으로도 불린다. 내사산 중 가장 높다. 한양도성은 백악산을 기점으로 축조되었다.

---

1. 백악산(북악산) : 해발 342미터로, 옛 서울의 주산으로 내사산 중 가장 높다. 공극산(拱極山), 면악(面岳)이라고도 하였으며, 산세가 '반쯤 핀 모란꽃'에 비유될 만큼 아름답다.

2. 낙산 : 해발 124미터로, 서울의 좌청룡에 해당하는 산으로 내사산 중 가장 낮다. 생긴 모양이 낙타 등처럼 생겨 낙타산, 타락산이라고 부르기도 하였다.

3. 남산(목멱산) : 해발 270미터로, 서울의 안산(案山)에 해당하여 조선 초기부터 국태민안(國泰民安)을 비는 국사당을 이 산에 두었다. 또 정상에는 변방의 변란을 알리는 봉수대를 설치하여 궁궐에서 직접 살필 수 있게 하였다. 한강 남북을 포괄하는 현재 남산은 서울의 행정구역상 중심부에 해당하며, 정상 부근에는 서울의 지리적 중심임을 표시하는 '서울중심점'이 설치되어 있다.

4. 인왕산 : 해발 339미터로, 풍수상 우백호(右白虎)에 해당한다. 거대한 바위들이 노출되어 있는 바위산으로, 치마바위·선바위·기차바위 등 기암괴석이 많다.

백악 구간 가는 길

'청계천 발원지' 표지석이 있는 버스 정류장

옛사람들은 성곽 안팎을 돌며 꽃과 버들을 구경하고, 이른 새벽에 올라 해 질 무렵까지 순성을 즐겼다고 한다. 이제 모든 준비를 마쳤으니 힘차게 첫 백악 구간으로 출발한다.

먼저 지하철 3호선 경복궁역 3번 출구에서 지선버스 7212번, 1020번, 7022번 중 하나를 타고 '자하문고개, 윤동주 시인의 언덕' 버스 정류장에서 내리면 도보로 걸어서 창의문(彰義門)에 이를 수 있다. 버스에서 내린 뒤 바로 옆 오른쪽 계단으로 올라가면 금세 창의문이 나온다.

창의문

한양도성의 사대문(四大門)으로는 흥인지문, 돈의문, 숭례문, 숙정문이 있고, 사소문(四小門)으로는 혜화문, 소의문, 광희문, 창의문이 있다. 현재 돈의문과 소의문은 멸실되어 그 흔적이 남아 있지 않다. 멸실되거나 훼손되어 근대에 복원 과정을 거친 다른 사소문과 달리 창의문은 유일하게 조선시대 문루(門樓: 성 밖을 멀리 관찰하고자 문 위에 세운 누각)를 그대로 보전하고 있다. 문루는 임진왜란 때 소실되었던 것을 1741년(영조 17)에 다시 세운 것이다.

겸재 정선, 〈창의문도〉 (국립중앙박물관 소장)

한양도성의 사소문 중 북서문인 창의문

창의문 문루

창의문은 1396년(태조 5)에 세워졌고, 1416년(태종 16)에 폐문되었다가 1506년(중종 1)에 다시 열었다. 1623년(광해군 15) 인조반정 때 이 문을 통해 반란군이 궁궐로 들어감으로써 반정에 성공한 역사를 가지고 있다.

백악 구간과 인왕산 구간 순성, 그리고 부암권 성곽마을을 탐방할 때 이 창의문을 거쳐 갈 것이다. 백악 구간 시작 지점으로 이동하려면 창의문을 통과하지 말고 오른쪽에 있는 북악산 탐방로 계단을 올라가면 된다.

창의문 안쪽 나무계단으로 올라가면 백악 구간 순성이 시작된다.

창의문 안내소

백악 구간은 군사시설이 있는 곳이다
보니 출입증을 받아야 게이트 문을 통과
할 수 있었는데, 2022년 청와대 개방으
로 현재는 출입증 패찰 없이 자유롭게 순
성이 가능하다. 출입증 패찰 당시에는 백
악 구간을 출입증을 착용하는 1부 구간과
그 이후의 2부 구간으로 나누어 순성하
였다. 백악 구간이라고 할 때는 주로 1부
구간을 지칭하였다.

창의문 안내소

창의문 안내소를 시작으로 본격적인 순성이 시작된다. 나의 첫 백악
순성길에는 기온이 영하 10도에 육박하여 사진을 예쁘게 찍지 못해 아
쉬운 마음이 컸다. 두 번째 탐방에서는 봄 기운이 가득한 날에 순성함
으로써 좀 더 좋은 풍광 사진을 얻을 수 있었다.

백악 구간 도입부, 가파른 계단의 향연

2007년 개방된 창의문에서 백악마루
까지는 가파른 계단길이 이어지는 악명
높은 구간으로, 이미 소문이 자자한 곳이
다. 첫 순성이어서 단단히 마음을 다잡았
는데도 순성 시작 후 이내 후회가 막심했
다. 가뜩이나 영하 10도에 가까운 기온에

자북정도 표지석   나무데크 길이 백악산 정상까지 이어진다.

마스크도 착용한 상태인데, 길은 가파른 계단으로 끝없이 이어졌기 때
문이다. 매우 어리석게도 구간 내 주요 지점을 어서 만나고 싶어 초반
에 살포시 뛰어올라갔다가 크게 낭패를 봤다. 계단이 끝날 줄 모르게
계속 이어졌고, 점점 더 경사는 가팔라 숨이 차 순성을 수시로 멈출 수
밖에 없었다. 그렇게 멈추어서 뒤돌아본 풍경은 이루 말할 수 없이 아
름다웠다. 인왕산과 그 품에 안긴 마을의 전경을 멀리서 바라보았다.
연두의 봄에는 마치 수채화처럼 풍경이 번져 나간다. 오르다 보면 자북
정도(紫北正道: 자하문 북쪽의 정의로운 길이라는 뜻. 박정희의 친필 휘호로 알려짐)
표지석 부근부터 백악산 정상까지는 나무데크 길이 이어진다.

돌고래 쉼터

그렇게 쉬다 가다를 반복하다가 스마트폰 앱에서 '돌고래 쉼터' 알림이 떴는데, 돌고래를 닮은 바위가 있다고 하여 돌고래 쉼터라는 이름이 붙여졌다는 그 쉼터가 바로 보였다. 역시 쉼터가 있는 이유는 분명했다. 이 시점에서 쉬면서 재정비하는 것이 필요했기 때문이다.

순성 전 지도로 쉼터의 위치를 봤을 때에는 왜 이렇게 쉼터가 금방 나오는지에 대해 의문이 들었었다. 그런데 가파른 계단의 향연을 겪고 보니 충분히 그 위치 선정이 이해가 되었고, 너무 적절하다는 생각까지 들었다. 쉼터에서 심호흡을 충분히 하고, 주변의 아름다운 경관을 보고 나니 그 험난했던 계단이 용서가 될 정도로 다시 힘이 나서 순성을 이어나갈 수 있었다.

왼쪽에 돌고래를 닮은 바위가 보인다.

다시 이어진 가파른 계단길

다시 순성에 올랐는데, 가파른 계단은 여전했다. 대략 계단이 천 개 정도라 하니 참고하시기를…. 처음 순성을 하려는 분들께 꼭 말씀드리고 싶은 것은 출발하고 약 40~50분 구간만 잘 극복하면 그 후로는 매우 수월하다는 것이다. 즉 그 부분이 난이도가 최상일 뿐, 그곳을 제외한 대부분의 구간은 난이도가 중~하에 해당하는 단계다. 그러니 조바심 내지 말고 초반부에는 매우 천천히 수시로 쉬어가면서, 또 뒤돌아보기도 하면서 인왕산과 북한산 등 아름다운 산세를 즐기며 올라가면 좋겠다. 산의 품에 안긴 마을의 풍경은 평화 그 자체였다.

백악 쉼터를 향해 오르는 계단

백악 쉼터

한 20분쯤 계단을 오르고 또 오르고 나
면 두 번째 쉼터인 백악 쉼터가 나온다.
백악 쉼터에서는 인왕산 자락의 한양도성
과 아름다운 경관을 볼 수 있다. 이 장쾌
한 모습을 내려다보니 순성의 의미가 느
껴졌다. 왜 이곳에 또 쉼터가 있는지 그
이유가 분명하지 않은가. 백악 구간은 가

파른 기울기만큼 뒤돌아보면 멋진 풍경을 자아내는 구간이 많아 한양
도성 순성의 백미라고 말해도 과언이 아닐 것이다.

백악 쉼터에서 백악마루로 올라가는 길

백악마루

백악 쉼터에서 조금 더 오르막길을 오르니 한양도성 내사산 중에서 가장 높은 곳인 해발 342미터의 백악산(북악산) 정상 '백악마루'가 나타났다. 한양 천도가 결정된 후 정도전은 '백악 주산론'을 펼쳤다. "군주는 남쪽을 보고 정사를 본다(帝王南面)"는 원칙에 따라 백악산이 주산이 되었다. 경복궁의 주산으로 북쪽을 병풍처럼 드리운 광경만 늘 보아왔는데, 이제는 힐링 스폿으로 인기 있는 백악마루 암봉에 올라서서 저 멀리 경복궁과 세종로 일대를 내려다보았다. 기억 속에 항상 웅장하기만 했던 건물들이 작은 모습으로 눈앞에 펼쳐지니 감회가 색달랐다. 경복궁 일대와 백악산 기슭을 내려다보니 조선시대 왕족과 사대부들이 왜 이곳에 별서를 짓고 거주했는지 이해가 될 정도로 경치가 빼어났다. 제대로 힐링하고 나니 이제는 거침없이 순성을 이어나갈 수 있었다.

백악산 정상

백악마루의 암봉

1·21 사태 소나무

백악마루에서 조금 더 걸어 내려가자 일명 '1·21 사태 소나무'가 나타났다. 1968년 1월 21일, 북한 특수부대원들이 청와대 습격을 목적으로 대통령을 암살하기 위해 이곳 백악산 깊은 곳까지 내려와 우리 군경과 교전을 하였다. 14일간의 교전 끝에 31명이 사망하고 2명은 도주했으며 1명이 생포되었는데, 그 한 명이 바로 김신조다. 교전 당시 이 소나무에 15발의 총탄 자국이 박혔는데, 지금도 그 흔적이 고스란히 남아 있어 '1·21 사태 소나무'라고 부르고 있다.

이 사건으로 순직한 고(故) 최규식 경무관의 동상과 추모비가 자하문고개 버스 정류장 부근에 세워져 있다. 또한 이 사건으로 향토예비군이 창설되었고, 백악 구간은 무려 40년 가까이 민간의 출입이 제한되었다. 하지만 한양도성 복원 작업이 대대적으로 이뤄지게 된 계기가 되기도 했다. 이렇게 역사적 현장을 볼 수 있는 탐방은 흥미로웠다. 한양도성 순성의 매력 중 하나가 바로 이와 같은 역사적 현장을 볼 수 있다는 것이 아닐까.

청운대

1·21 사태 소나무를 지나 체력적으로 어느 정도 여유가 생겼을 즈음에 높이 293미터의 청운대가 등장했다. 북한산의 백운대(836m)와 대비되는 청운대는 북악산(옛 이름은 백악 또는 면악이라 불렸는데, 남산과 대비되는 뜻으로 북악으로 변경함)의 전면 개방을 기념하여 상징적으로 만들었다고 한다. 청운대에서는 경복궁을 조망하기 가장 좋은 장소로, 조감도를 보듯 궁궐의 모습이 한눈에 들어왔다. 순성 초반의 힘들었던 마음은 이때 완전히 사라졌다.

청운대에서 바라본 남산과 경복궁 전경

암문

숙정문(肅靖門)을 향해 열심히 가고 있던 중 암문(暗門)이 나왔다. 암문은 비밀리에 군사를 이동하거나 군수물자 조달을 위해 만든 작은 문으로, 평소에는 돌로 막아두었다가 전시에만 사용하는 비밀 통로다. 현재 한양도성에는 총 8개의 암문이 있다. 인왕산 무악동 암문, 창의문에서 백악마루로 가는 암문, 백악산 곡성 아래 암문, 성북동 북정마을 암문, 낙산공원 정상 암문, 낙산 이화동 암문, 낙산 창신동 암문, 남산 다산동 암문이다. 백악 구간에서의 암문은 창의문에서 백악마루로 가는 암문(현재 임시 폐쇄됨)과 이곳 곡성 아래 암문 외에 성북구 북정마을로 향하는 갈림길에서도 볼 수 있다. 암문 밖 성벽에는 축조 시기별 성돌의 모습을 확인할 수 있다.

백악산 곡성 아래 암문

암문 바깥 성벽길(현재 임시 폐쇄됨)에서 바라본 곡성

이 암문을 통해 성 바깥으로 걸어도 무척 좋았을 것 같았는데, 혹여나 길이 끊기거나 막혀 있을지도 모른다는 생각으로, 또 곡성 등 다른 지점들을 보기 위해 안으로 계속 걸었다. 숙정문에 와서 보니 바깥으로 걸어도 무방했을 것 같았다. 두 번째 순성에서는 암문을 통과해 조선시대 군사들이 순찰을 돌던 바깥 성벽을 한 바퀴 둘러본 후 다시 청운대 안내소로 올라와서는 곡성으로 향했다.

조선시대 군사들이 순찰을 돌던 암문 바깥 성벽으로 숙종 때 축조된 것이다.

곡성에서 촛대바위까지

한양도성에는 주요 지점이나 시설물을 효과적으로 방어하기 위해 성벽의 일부분을 둥글게 돌출시킨 '곡성(曲城)'이 존재한다. 인왕산과 백악산 두 곳에 곡성이 있는데, 백악산은 청운대에서 근거리에 곡성이 있었다. 모르고 지나가는 것보다는 역시 알고 있을 때 더 재미있게 순성을 즐길 수 있을 것이다. 설명 표지판을 못 보더라도 한양도성 앱의 알림을 통해 이러한 정보를 즉시 얻을 수 있다. 그래서 한양도성 앱을 작동시키면서 순성하기를 권해드리는 바이다.

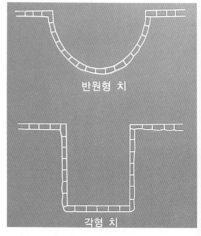

치(雉) : 성곽 일부분을 돌출시켜 성벽에 기어오르는 적을 물리치기 위한 방어시설

곡성에서 바라본 남산과 백악산 전경

白岳山

곡성에서 바라본
백악마루 가는 순성길

곡성의 전망대에서 바라본 북한산 능선

　곡성에 오르면 남산과 백악산, 그리고 북한산 전망이 들어온다. 특히 한양도성 조성 명소에 서면 북한산의 모든 봉우리들이 한눈에 펼쳐진다. 족두리봉, 향로봉, 비봉, 사모바위, 승가봉, 보현봉, 형제봉을 찾아보는 재미가 있다. 그리고 동서남북 서울 도심의 모든 전경이 파노라마처럼 펼쳐진다.

　곡성에서 내려와 숙정문으로 향할 때는 갈림길을 잘 찾아야 한다. 정신없이 내려오다 보면 암문까지 내려오는 수고를 범하게 되고, 그러면 왔던 길을 다시 되돌아가야 한다. 숙정문 가는 갈림길로 잘 들어섰다면 이제 앞만 보고 가지 말고 뒤를 돌아보는 여유도 필요하다. 성곽으로 연결된 자연스럽고 부드러운 곡성의 자태가 이어지기 때문이다.

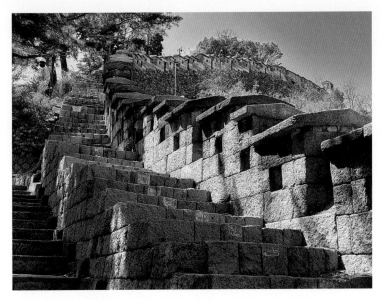

숙정문 가는 길에 뒤돌아본 곡성

촛대바위

그렇게 성곽길을 걷다 보면 백악산 촛대바위와 소나무 쉼터가 오른쪽으로 조성되어 있다. 촛대바위는 높이만 약 13미터에 이를 정도로 바위 크기가 상당히 거대하다. 일제강점기 때 일본은 이 바위 상단부에 쇠말뚝을 박아 민족의 정기를 막으려 했고, 광복 후 이 쇠말뚝을 제거하고 민족의 발전을 기원하는 촛대를 세우면서 이름을 '촛대바위'라고 정했다고 한다. 쇠말뚝을 제거한 부분은 콘크리트로 마감되어 있으니 확인하고 가자.

숙정문

곡성 지점을 지난 지 얼마 되지 않아 드디어 한양도성 사대문 중 하나로, 북대문인 숙정문(肅靖門)에 도착했다. 처음에는 숙청문(肅淸門)으로 불리다가 숙정문으로 바뀌었는데, 현존하는 도성문 중 좌우 양쪽으로 성벽이 연결된 유일한 문이다. '숙정(肅靖)'이라는 뜻은 '엄숙하게 다스린다'라는 의미로 지어졌다. 1396년(태조 5)에 지어졌다가 1504년(연산군 10)에 성곽을 보수하면서 지금의 위치로 옮겨졌다. 사람들의 출입을 위해서 지은 문이 아니라 사대문의 격식을 갖추기 위해 지은 문이어서 비상시에만 사용하고 평시에는 닫아 두었다. 숭례문과 흥인지문은 쉽게 만날 수 있었던 데 비하여, 숙정문은 이렇게 깊고 높은 곳에 있기에 만나기가 쉽지 않았다. 험한 산세 속에 위치해서인지 매우 듬직하고 웅장한 느낌을 받았다. 한 마디로 멋있었다.

● 숙정문 둘러보기

숙정문 문루

숙정문 안쪽에서 좌우 성벽으로 오르는 계단이 보인다.

말바위 안내소

숙정문을 지나면 이내 말바위 안내소
가 나온다. 창의문 안내소에서 받았던
표찰의 반납처이자 반대로 와룡공원 방
면에서 백악 구간 숙정문 쪽으로 출입하
는 순성객들의 표찰 수령처이기도 했다
(현재는 청와대 개방 이후 표찰을 착용하지 않는
다). 또한 말바위 안내소는 스탬프 투어
장소이다. 여기서 숙정문의 스탬프를 찍

말바위 안내소

을 수 있고, 만약 4개의 스탬프를 모두 모았을 경우에는 이곳에서 완주
기념 배지를 수령할 수도 있다.

말바위의 유래는 백악의 산줄기에서 동쪽의 좌청룡을 이루며 내려

● **한양도성 스탬프 투어**

'스탬프 투어'란 서울 한양도성의 구간을 순성하면서 총 4
개의 지점-말바위 안내소, 흥인지문 관리소, 숭례문 초소
인근, 돈의문박물관마을-에서 스탬프를 찍는 것을 말한
다. 모두 찍을 경우 말바위 안내소에서 완주 기념 배지를
수령할 수 있다. 지정된 지점에서 직접 스탬프를 찍을 수도
있지만, 한양도성 앱을 통해서도 참여가 가능하다. 숙정문
을 떠나기 전 한양도성 앱을 실행시켜 '스탬프 투어' 화면
에서 스탬프를 자동으로 적립시키면 된다. 즉, 백악 구간에서는 숙정문 부근에서 앱
을 실행시켜 스탬프를 받거나 말바위 안내소에서 스탬프 투어 지도에 직접 스탬프
를 찍을 수 있다. 기왕 한양도성 순성에 나선다면, 스탬프 투어에 참여하여 총 4곳
지점에서 모두 스탬프를 찍고 완주 기념 배지도 꼭 받으시길 바란다.

오다가 끝에 있는 바위라 하여 말(未)바위라는 설과, 조선시대 문무백관들이 말을 이용해 오른 후 백악의 험난한 고개를 넘어야 하니 말을 매어 두고 시를 읊고 녹음을 만끽한 곳이라고 해서 말(馬)바위가 되었다는 설이 전해온다.

말바위 안내소를 나온 지점부터는 2부 구간이 시작된다고 생각하면 되겠다. 길이는 더 길지만, 완만한 코스라 1부 구간 순성 시간의 절반 시간이면 순성을 마칠 수 있다. 다만 2부 구간의 순성을 잘 마치기 위해서는 삼청동 길로 빠지지 않고 혜화문 방면으로 길을 유의해서 걷는 것이 중요하다. 혜화문 방면 계단을 따라 이동하면 말바위 전망대가 보인다. 이곳에서 잠시 쉬면서 성북구 방면을 조망할 수 있다.

말바위 전망대

서울우수조망 명소 - 성북구 방향

성북구 방향의 서울시 우수조망 명소에서는 백악산 팔각정과 북한산 보현봉, 그리고 성북구 삼청각과 성북구 일대 등 사진에 다 담을 수 없는 장관의 경관이 펼쳐진다. "야호"를 외치는 순성객들도 볼 수 있었는데, 그 정도로 경관이 볼 만하며 힐링을 주는 장소라 할 수 있겠다. 서울우수조망 명소와 더불어 백악 구간의 하이라이트 지점이라고도 부를 만한 곳이다. 주의할 점은 아름다운 경관을 다 보았다면 반드시 올라왔던 방향이 아닌 조망 명소 아래의 나무계단으로 내려가야 한다. 만약 올라왔던 계단으로 다시 내려간다면 목표했던 혜화역 방면이 아닌 종로구 방향으로 내려가게 된다.

서울우수조망 명소에서 바라본 성북구 조망

팔각정과 보현봉, 그리고 삼청각이 보이는 조망

혜화문 순성 길을 향해

성북구 방향 우수 조망 명소에서 나무계단을 내려온 뒤 와룡공원에서 혜화문 방면으로 걷는다. 여기서 참 아쉬웠던 것은, 원래 우수 조망 명소에서 아래로 내려가 성 바깥 길로 우회할 필요 없이 성 안으로 갈 수 있었다. 그런데 그 길로 가보니 길을 막아 놓았더라. 후에 듣기로는 안전상의 이유로 통제했다고 한다. 아무튼 우회해서 가야 했는데, 이 점이 안타까웠다. 앞으로 한양도성 길이 우회하는 일 없이 쭉 이어졌으면 하는 바람이다. 결과적으로는 성 바깥 길이 아름다웠다.

이제 우회하여 한양도성 성벽을 만나면 이제 큰 갈림길 없이 그대로 쭉 순성에만 집중할 수 있다. 그렇다. 일상생활의 잡다한 근심은 모두

성벽 따라 혜화문 방면이 이어지고, 왼쪽으로 성북구 북정마을로 나가는 길이 보인다.

혜화문을 향해 가는 순성길

잊어버리고 한양도성이 주는 아늑함, 자연과의 조화로움이 주는 아름
다움을 만끽하며 즐기기만 하면 된다.

한양도성 순성을 한 번도 안 해본 사람은 있을지라도 한 번만 한 사
람은 찾기 힘들 것이라는 생각이 문득 들었다. 그만큼 한양도성은 매력
적이다. 특히 계절에 따라, 걷는 방향에 따라, 성 안쪽 길이냐 바깥쪽
길이냐에 따라 매번 색다른 광경을 볼 수 있기에 여러 번 순성해도 결
코 질리거나 지루하지 않다. 왜 선조들이 한양도성 순성을 하며 풍류를
즐겼는지 충분히 짐작할 수 있었다.

힐링하면서 순성을 하다 보면, 성북동 성곽길 조망 지점이 나온다.
즉시 멋진 광경을 사진으로 담았다. 자연 지형을 따라 성을 쌓았기에

한양도성만큼 자연과 조화를 이루는 인공물이 또 있을까 싶다. 자연과 한몸이 되어 마을을 아우르는 한양도성의 자태는 그야말로 바라보는 내내 탄성을 자아낸다.

성북동 북정마을

특히 이곳 순성길의 매력은 성곽마을인 성북동 북정마을의 컬러풀한 지붕을 내려다볼 수 있다는 것이다. 옹기종기 모여 있는 모습을 보다 가까이에서 볼 수 있다. 그렇게 감탄하며 걷던 중 북정마을로 향하는 길이 보였고, 성 안으로 들어갈 수 있는 암문 앞의 길림길에도 서게 되었다. 이번에는 혜화문까지의 백악 구간 순성을 마치는 것이 목표여서 우회하지 않고 쭉 순성을 이어나가기 위해 성 안으로 들어왔다. 하

암문을 나와 바라본 성북동 북정마을 모습

지만 다음번 순성에는 마을길로 빠져서 만해 한용운 선생이 살았던 심우장과 최순우 옛집, 그리고 김광섭 시인의 성북동 비둘기로 유명한, 예술가들이 모여 살고 있는 북정마을을 탐방할 계획이다. 성벽을 기준으로 성 안과 밖의 색다른 풍경을 보는 재미가 있었다. 길이 널찍하고 걷기에 편한 것도 좋았다.

단절된 성벽과 골목길 한양도성 흔적

그런데 이게 무슨 일인가. 성벽이 끊어져 있었다. 알고는 있었지만, 막상 성벽이 끊어진 것을 보니 처음에는 진한 아쉬움으로 가득했다. 그런데 여행객들의 아쉬운 마음을 달래주기라도 하듯 최근 이 성벽 뒤편

성북역사문화공원에서 성벽이 끊긴다.

경신고등학교 담장에 남아 있는 성벽돌 흔적

으로 성북역사문화공원이 조성되었다. 인근에는 성북역사문화센터도
있어서 순성길 여행객들이 쉬어갈 수 있게 되었다. 잠시 지친 다리를
쉬고 계속 순성을 이어나갔다. 여기서 혜화문으로 가는 한양도성 순성
길로 잘 향하려면 왼편에 보이는 서울왕돈까스 식당 근처 횡단보도를
건너 경신고등학교 담장이 위치한 좁은 골목길로 가야 한다. 이 골목
순성길도 충분히 매력이 있었기에 아쉬움을 조금 달랠 수 있었다. 잘못
해서 서울과학고를 끼고 걸으면 혜화동 장면 가옥으로 향하는 된다.
   혜화문으로 가는 골목 순성길에는 경신고등학교 담장 등 일부 담장
에 듬성듬성 성벽돌이 있을 뿐이었다. 한양도성 순성길에 대한 배경 지
식 없이 무심코 이 골목을 지나갈 경우에는 한양도성의 성벽돌임을 눈

오래된 성벽과 복원된 성벽이 어우러진 한양도성 혜화동 전시 · 안내센터 성벽

치채기 어려울 것으로 보인다.

그러다 혜화문이 가까워지자 축조 시기가 오래된 것처럼 보이는 성벽이 나타났다. 그 한편에는 복원된 하얀 성벽들로 메워져 있기도 했다. 이 성벽길의 끝부분에는 혜화문으로 가는 계단이 있었다. 한양도성 혜화동 전시 · 안내센터도 혜화문 근처에 있으니 꼭 한 번 방문해 보기를 권해드린다.

혜화문

혜화문(惠化門)과 연결되어 있는 짧은 성벽 길을 지나니 마침내 오늘의 종착지 혜화문에 도착했다. 한양도성 4소문 중 하나인 혜화문은 동문으로, 1396년(태조 5)에 세워졌다. 태종 때 풍수적 문제로 숙정문이 폐쇄된 후로는 사실상 혜화문이 북대문의 역할을 수행했다. 원래 이름은 홍화문(弘化門)이었으나, 1483년(성종 4) 창경궁을 새로 짓고 그 정문도 '홍화문' 으로 칭하자 혼동을 피하기 위해 1511년(중종 6) '혜화문' 으로 변경하였다. 현재의 혜화문은 1992년에서 1994년 복원 공사로 지어진 것이다.

혜화문은 이날 보았던 웅장하고 기세등등했던 숙정문이나 창의문과는 달리 다소곳하다는 느낌이 들었다. 원래의 위치와는 다르게 복원된 것은 아쉬웠고, 왠지 외로워 보였다. 문과 연결된 성벽이 매우 짧고 홀로 동떨어져 있어서 그렇게 보였던 듯하다. 하지만 반대편의 모습을 보

혜화문

니 주변 나무들을 벗 삼아서 꿋꿋이, 우직하게 자리를 지키고 있는 것 같아 보였다. 마치 혜화문의 모습 속에서 나의 모습을 보는 듯해서 다른 문보다 더 애정이 갔다.

한 편의 영화 같았던 '백악 구간'

백악 구간 순성을 한 줄 평으로 표현하자면, '한 편의 영화와 같았다'라고 말하고 싶다. 도입부의 가파른 계단의 향연은 시련도 주었지만, 그 와중에 아름다운 산세는 환희도 느끼게 해 주었다. 고난의 구간을 뒤로한 후에는 백악마루와 청운대, 1·21 사태 소나무, 곡성 등 의미 있고 흥미로운 지점을 만날 수 있었다. 험한 산세 속 북대문인 숙정문의 모습은 짙은 여운을 안겨주었고, 서울우수조망 명소에서의 경관은 감탄을 자아내게 했다. 긴 성벽이 이어진 구간은 평안함을, 정겨운 성벽 마을의 모습은 마음을 따뜻하게 해 주었다. 끊어진 성벽은 안타까움과 슬픔을, 골목길 속 한양도성의 흔적은 희망을 주었으며, 외로운 상황 속에서도 꿋꿋이 자리를 지키는 혜화문은 용기를 북돋워주었다.

한 구간 안에서 희로애락을 비롯한 온갖 감정을 느낄 수 있는 '백악 구간'은 매우 매력적인 구간이었다. 이처럼 팔색조의 매력을 가진 백악 구간을 순성하며 '코로나 블루'를 극복하고 '지친 일상'에서 회복하는 시간을 갖기 바라는 마음에서 첫 순성 구간으로 백악 구간을 강력히 추천해 드린다. 백악 구간에 반하면, 이후 모든 구간 순성이 기다려지는 설렘을 안겨줄 것이다.

★ 북악산 한양도성 신규 탐방로

청운대 안내소 가는 길

창의문에서 백악마루까지 가는 길이 가파른 계단길이어서 힘들다면, 신규 탐방로로 개방된 청운대 안내소 가는 길을 추천한다. 먼저 창의문을 통과한 후 굴다리로 나오면 차도를 건너 아래쪽 방향으로 내려간다. 환기미술관 가기 전 하얀색 건물이 보이면 쭉 직진한다. 10분 걷다 보면 왼쪽으로 한옥 건물이 보이고, 그 맞은편 터널이 1번 출입문이다. 여기에서 더 직진하면 커피프린스 1호점 드라마 촬영지인 '산모퉁이 카페'가 보이고, 조금 더 올라가면 2번 출입문으로 이어진다. 그리고 더 걸어가면 3번 출입문인 청운대 안내소가 나온다. 1번 출입문에서 청운대 안내소까지는 20~30분 정도 소요된다. 청운대 안내소까지는 오후 3시까지 통과하면 된다. 청운대 안내소에서 청운대를 거쳐 성벽길을 따라가면 좀 더 호젓하게 백악 구간을 갈 수 있는 탐방로이다.

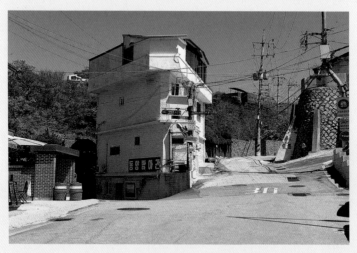

이 지점에서 계속 직진하면 1번 출입문과 2번, 3번 출입문이 나온다.

오른쪽으로 보이는 터널이 백악 구간 1번 출입문

산모퉁이 카페를 지나면 백악 구간 2번 출입문이 5분 거리에 있다.

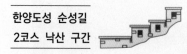

한양도성 순성길
2코스 낙산 구간

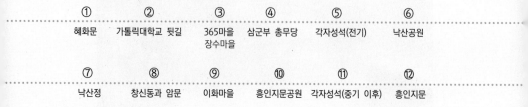

①	②	③	④	⑤	⑥
혜화문	가톨릭대학교 뒷길	365마을 장수마을	삼군부 총무당	각자성석(전기)	낙산공원

⑦	⑧	⑨	⑩	⑪	⑫
낙산정	창신동과 암문	이화마을	흥인지문공원	각자성석(중기 이후)	흥인지문

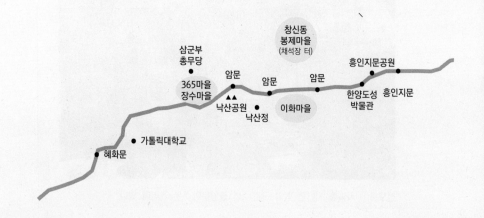

한양도성 순성길

― 낙산 구간 ―

▐ 백악 구간을 첫 번째 순성 구간으로 정했기에 자연스럽게 이어서 낙산 구간을 순성하였다. 혜화문에서 낙산공원과 홍인지문으로 이어지는 길이다. 한양도성 구간을 잘 모르고 있는 분들도 낙산공원이나 동대문, 홍인지문공원은 많이 들어봤을 것이다. 그만큼 낙산 구간은 말이 필요 없을 정도로 많은 이들에게 사랑받는 아름다운 구간이다. 낙산 구간은 한양도성의 꽃이라고 할 만하다.

2코스   낙산 구간은?

낙산 구간은 혜화문에서 출발해 낙산과 낙산공원을 지나 홍인지문에 이르는 총길이 2.1킬로미터 구간으로, 성벽을 따라 한 방향으로 쭉 걸었을 때 약 1시간 정도 소요된다. 하지만 실제로는 앞뒤 좌우를 왔다 갔다 하면서 주변의 많은 볼거리를 보기 때문에 1시간 30분~2시간 이상 소요된다고 생각하면 좋을 것이다.

서울의 좌청룡에 해당되는 낙산은 높이가 124미터로, 서울의 내사산 중 가장 낮고 경사도 완만하다. 이처럼 구간의 길이가 짧고 경사도 완만하며 접근성이 용이하고 주변에 즐길거리도 많아 시민들로부터 사랑받는 곳이다. 또한 서울의 걷기 좋은 길로 손꼽히는 구간이기도 하다. 낙산 구간을 두 구간으로 나누자면, 낙산공원 및 정상을 기준으로 그 앞쪽과 뒤쪽 구간으로 나눌 수 있다. 앞쪽 구간은 잘 보존된 성벽과 자연이 어우러진 모습을, 뒤쪽 구간은 성벽과 마을과의 조화로운 아름다운 모습을 엿볼 수 있다.

혜화문에서 출발

백악 구간의 종착점이자 낙산 구간의 출발점인 혜화문 (惠化門)은 백악 구간의 종착 지점이기도 하다. 1396년(태조 5) 세워졌고, 임진왜란 때 소실된 이후 1774년(영조 20)에 개축하면서 문루를 신축하고 편액(현판)을 게시하였다. 1774년 이전 〈도성도都城圖〉(서울대 규장각한국학연구원 소장)에 그려진 혜화문은 하나의 아치형 출입구를 둔 돌로 쌓은 육축(陸築)의 모습임을 확인할 수 있다. 하지만 일제강점기인 1928년 도시의 확장으로 혜화문 문루가 철거되었고, 1938년 혜화문 성문까지 철거되어 버렸다. 지금의 혜화문은 원래 위치에서 북쪽으로 옮겨서 지어졌는데, 약 2년의 복원공사 끝에 1994년 10월 중순에 완공된 것이다.

혜화문에서 한양도성 혜화동 전시·안내센터를 방문해도 좋지만, 오늘의 탐방은 성벽길 순성이기에 길을 건너 맞은편으로 이동했다.

혜화문 문루

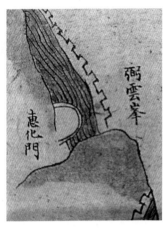

문루가 없는 혜화문(〈도성도〉, 17세기 말)

가톨릭대학교 뒷길

혜화문과의 인사를 마친 뒤, 본격적으로 낙산 구간을 순성하기 위해 연결된 계단을 이용해 아래로 내려간 뒤 횡단보도를 건너 가톨릭대학교 뒷길 입구 지점으로 향했다. 지난 백악 구간 순성 때와 마찬가지로 순성길 지도 및 주요 지점에 대한 정보를 제공해주는 '한양도성 앱'을 켜고 순성을 시작하였다.

성벽으로 향하는 계단을 올라가면 본격적인 순성이 시작되며, 맞은편에 혜화문이 보인다. 순성에 앞서 성벽 인근 마을 주민들께 피해가 가지 않도록 조용히 순성하시길 당부드린다. 또한 성벽을 훼손시키는 행위를 절대로 해서는 안 되겠으며, 정해진 구간 길 외의 길로 가게 되면 위험할 수 있으니 이 또한 주의하시길 바란다. 그리고 순성 중에는

맞은편에서 바라본 혜화문

수시로 옆과 뒤를 돌아보라. 성곽마을과 자연이 조화로운 그 모습이 그 야말로 장관이기 때문이다. 낙산 구간 초입의 가톨릭대학교 뒤편의 길은 비교적 성곽의 형태가 잘 보존된 구역으로, 한양도성이 축조 시기별로 성돌의 모양이 어떻게 다른지 볼 수 있는 구역이다.

● 축조 시기에 따른 성벽의 모습

성벽돌의 크기와 모양이 축조 시기에 따라 다름을 확인해보자. 성벽 축성의 초창기인 세종 때에는 주로 백성들이 벽돌을 쌓았기에 성돌들의 정교함 등이 다소 떨어져 보이는 모습이다. 하지만 세월이 흐른 뒤에는 군인들이 주로 성돌을 쌓았기에 그 성돌의 크기는 더 거대하면서도 일정한 모습을 보이는 것을 확인할 수 있다. 이렇게 태조, 세종, 숙종, 순조 등 각 시대의 축성 모습을 비교하여 탐방한다면 보다 재미있는 순성길이 될 것이다.

태조 때(1396년) : 성돌은 자연석을 거칠게 다듬어놓음

세종 때(1422년) : 성돌은 옥수수알 모양으로 다듬어 사용함

숙종 때(1704년) : 성돌 크기를 가로세로 40~45cm 정방형으로 규격화함

순조 때(1800년) : 가로세로 60cm 정방형 돌을 정교하게 쌓아 올림

365마을과 장수마을, 삼군부 총무당

구간 초입 길의 왼쪽에는 성벽 인근 마을인 '365마을'로 빠지는 길이 몇 곳 보였고, 성벽길을 걸으면서 마을의 전경이 한눈에 들어오기도 했다. 365마을을 지나서 나오는 장수마을은 낙산공원 동남쪽 성벽을 끼고 있는 작은 마을로 한국전쟁 후에 형성된 판자촌에서 기원한다. 60세 이상 노인 거주 인구가 많아 장수마을이라는 이름이 붙여졌다고 한다. 이들 마을은 모두 지금 마을재생 사업을 통해 골목길이 정비되어 있어 탐방객들이 일부로 찾아가는 곳이기도 하다.

장수마을 부근의 삼군부(三軍府) 총무당(總武堂)은 한성대학교 옆 삼선공원 내에 위치해 있다. 1868년(고종 5)에 흥선대원군 때 세워진 조선 말기 관청 건물로, 조선의 군무를 총괄하던 삼군부 청사의 중심이 되는 본전이다. 원래 광화문 남쪽 현 정부서울청사 자리에 있던 것을 1930년 지금의 위치로 옮겼다. 삼군부는 1880년 근대적인 군사 체제를 도입한다는 취지하에 폐지되고 통리기무아문으로 옮겨졌다. 이 건물은

삼군부 총무당

통리기무아문 청사로 사용되었으며, 일제강점기에는 조선 보병 사령부 건물로도 사용되었다. 서울시 유형문화재로 지정되어 있다.

이번에는 낙산 구간을 쭉 순성하는 것이 목적이어서 365마을과 장수마을은 이화·충신권 성곽마을을 탐방할 때 시간을 두고 걷는 것으로 계획하였다.

각자성석 (전기)

축성과 관련한 글을 새겨 넣은 돌을 각자성석(刻字城石: 축성과 관련해 기록을 새긴 성돌)이라 한다. 태조와 세종 때의 각자성석에는 구간명과 구간별 축성 담당, 군현 명이 새겨져 있다. 이는 훗날 축조한 성벽 부분이

부실공사 등으로 이상이 생겼을 경우 그 축조한 자들에게 책임을 묻게 하기 위함이다. 오늘날 건축물 한편에 시공자의 이름을 새기는 것과 같은 의미라고 보면 된다.

　길게 이어진 낙간 구간 한 성벽에는 영동(永同) 각자가 새겨져 있었는데, 매우 희미하여 잘 보이지는 않았다. 조금 더 지나가다 본 각자에는 홍산(鴻山)이라는 글씨가 확연히 선명하게 새겨져 있었다. 당시 전국 지역의 백성들이 서울 한양도성을 축조했음을 각자성석을 통해 확인할 수 있다.

홍산 각자

낙산공원 가는 길

낙산공원은 2002년 7월에 서울시가 복원의 일환으로 개원하였다. 가는 길은 여러 루트가 있다. 4호선 혜화역 1번 출구에서 도보 10분, 1호선과 4호선 동대문역 2번 출구에서 도보 15분, 4호선 한성대입구 3번 출구에서 도보 15분, 종로5가역 동대문역·창신역·종묘역에서 마을버스 3번 타고 종점 하차, 6호선 창신역 2번 출구에서 도보 20분 등 대중교통으로 방문하시기를 권한다. 어느 방면이든 낙산공원을 향해 가는 길은 서로 다른 아름다운 풍경을 보여준다. 계절에 따라서도 그 모습이 색다르다. 자연의 지형을 따라 축조된 한양도성이다 보니 사람뿐 아니라 동물도 많이 찾는데, 특히 낙산 구간은 고양이가 눈에 많이 띄는 것으로 보아 고양이가 사랑하는 곳인가 보다.

백악 구간과 마찬가지로 낙산 구간에도 암문이 보였는데, 첫 번째 암문은 장수마을 방면에서 도성 안 낙산공원으로 들어가는 문이었다. 개인적으로는 처음 낙산 구간을 탐방하시는 분들이라면 이 암문으로 들어가지 말고 계속 도성 밖으로 걸어가다가 낙산공원 안쪽으로 들어오길 더 권해드리고 싶다. 그 풍경이 너무나도 아름답고, 낙산공원의 상징인 글귀 표식도 볼 수 있기 때문이다.

첫 번째 방문 때는 도성 밖 길로 걸었고, 이번에는 암문을 통해 도성 안으로 들어가 보았다. 들어가서는 바로 성 밖에서 걸어왔던 반대 방향으로 내려갔다. 성벽과 마을, 그리고 자연이 어우러진 그 모습이 굉장히 아름다웠기에 자연스럽게 발길이 그쪽으로 향했던 것이다. 충분히 풍경을 본 뒤 다시 왔던 길로 되돌아와 낙산공원으로 향했다.

장수마을에서 도성 안 낙산공원으로 들어오는 암문

도성 밖 암문에서 바라본 성곽

낙산공원 글귀 표식을 중심으로 성북구와 종로구로 갈린다.

낙산공원 정상

한국의 '몽마르트르 언덕'이라 불리는 낙산
공원. 비록 몽마르트르 언덕을 가보지는 못했지
만, 낙산공원이 그에 못지않게 풍경이 아름다운
곳이라고 매우 자신 있게 말할 수 있다. 특히 혼
자서도 좋지만 사랑하는 이들과 함께 온다면 더
욱 좋은 곳이다. 만약 대학로 주변을 방문했다
면 그 인근에 위치한 낙산공원을 방문해 보는
것도 동선상 참 좋으니 참고하시길 바란다.

낙산공원 정상으로 가는 계단

낙산공원에서 조금 더 올라가면, 낙산 정상이 나온다. 산의 정상치
고 높이는 낮았지만, 그 풍경만큼은 정말 손에 꼽을 만큼 아름답고 장

낙산공원 정상

낙산 정상에서 바라본 낙산공원과 북한산을 배경으로 한 도심 풍경

쾌하다. 산과 자연, 주택과 아파트, 공원, 사람, 그리고 성벽이 조화를 이루는 그 풍경은 낙산 구간 전반부의 하이라이트라 할 수 있다. 흔히 낙산 정상으로 오르지 않고 그냥 지나치기 쉬운데 기왕 낙산공원 쪽을 방문했다면, 그 산의 상징이자 아름다운 풍경이 한눈에 들어오는 정상에 꼭 올라가서 성곽과 자연, 그리고 사람들의 삶의 모습을 담아보시기 바란다.

슬슬 낙산 정상에서 내려온 뒤, 2부 구간인 흥인지문 방면으로 힘차게 걸음을 내디뎠다. 이때 양쪽 모두 멋진 풍경이 펼쳐져 있기에 왼쪽과 오른쪽 길을 번갈아 가며 걸어갔다. 그렇게 그 길로 조금 더 내려오면 낙산정으로 향하는 길이 나온다.

낙산정

낙산정(駱山亭)은 조그마한 정자로, 여기서 바라보는 광경 역시 아름답고 볼 만하다. 백악산과 인왕산이 하나의 능선으로 연결된 풍경을 감상할 수 있다.

낙산정 현판

낙산정에서 다시 길을 되돌아와 계속 오른쪽 길로 가다 보면, 대학로 방면의 모습이 한눈에 들어온다. 성벽을 따라 왼쪽 길로만 걷지 말고 반대편 오른쪽 길로도 걷기를 권장하는 이유가 바로 대학로 방면의 전경을 볼 수 있기 때문이다.

낙산정에서 백악산과 인왕산의 전경을 감상한다.

창신동과 암문

이화마을에서 창신동으로 나가는 암문

대학로 방면의 모습을 봤다면, 다시 왼쪽 성벽길로 걸어보자. 그 방면에서 창신동 마을을 볼 수 있는데, 층층이 놓여 있는 주택들의 모습이 매우 정겹다. 거기서 쭉 걸어가다 보면 창신동으로 나갈 수 있는 암문이 나온다. 지난해 늦가을 밤, 이 암문을 통해 성벽 바깥으로 나와서 걸어봤는데 매우 운치 있고 좋았던 기억이 생생하다. 두 번째 낙산 구간을 방문하는 분들은 이 암문으로 나와서 외부 순성길을 걸어본다면 또 다른 매력에 빠질 것이다.

내부 순성길에서 바라본 창신동 마을 정경

이화마을로 들어가는 갈림길

낙산공원에서 넘어오다 보면 이화마을로 빠지는 갈림길이 나오는데, 그 길을 지나가면 이화마을 인근에 조성된, 요새 굉장히 핫하다는 예쁜 카페들이 줄지어져 있는 것을 볼 수 있다. 성곽길이 아닌 맞은편의 이화마을 길로 내려간다면 오래된 골목 광경을 감상할 수 있고, 더 내려가면 그 유명한 이화동 벽화마을을 탐방할 수 있다. 이화마을은 성벽길에 바로 인접하고 있어 낙산 구간을 찾는 분들이라면 이화마을도 연계하여 함께 탐방하시길 권해드린다. 개인적으로 낙산 정상에서 하강할 때에는 성벽길보다는 이화마을 방면으로 내려오는 것이 더 좋았다. 많은 외국인들이 즐겨 찾는 매력적인 곳이기도 하다.

낙산공원을 지나 내려오면 왼쪽은 성곽길이고, 오른쪽은 이화마을로 빠지는 길이다.

낙산 성곽길 옆 카페에서 바라본 남산

낙산 성곽길 전망대 지점에서 바라본 남산

흥인지문 일대 전경

언덕 위의 아기자기한 카페들을 지나 내려가다 보니, 마침내 낙산 구간의 종착지인 흥인지문이 시야에 잘 들어오기 시작했다. 낙산 구간 후반부의 하이라이트 지점, 아니 한양도성 전 구간을 통틀어 손꼽히는 경관을 보이는 지점이라 할 수 있다.

흥인지문과 그 너머의 DDP, 두산타워 건물 등 서울의 랜드마크 지점이 한눈에 들어오는 광경을 누릴 수 있기 때문이다. 낙산 구간에 올라 이 구도의 사진을 안 찍는 사람은 찾아보기 힘들 것이다. 그리고 어느 정도 흥인지문과 가까워졌다고 싶은 무렵 주저 없이 반대편 성벽길의 모습을 사진에 담았다.

한양도성박물관이 보이는 풍경

　갈대와 성벽, 그리고 한양도성박물관과 교회 첨탑의 모습이 어우러
져 들어오는 풍경은 말 그대로 일품이다. 이 각도의 사진은 수많은 블
로거들의 게시글과 매스컴에서 쉽게 찾을 수 있을 정도로 한양도성 구
간을 통틀어서도 매우 대표적인 포토 스폿이다. 이 모습을 보고 어찌
힐링되지 않을 수 있겠는가? 말이 필요 없을 정도로 아름다운 곳이어
서 여기서 잠시 걸음을 멈추고 힐링의 시간을 한참 동안 가졌다.

　이 일대가 바로 흥인지문공원이다. 이곳에는 건너편의 흥인지문과
뒤편의 성벽이 바라보이는 전망 좋은 공간이 자리 잡고 있다. 동대문
일대를 찾게 된다면, 잠시라도 흥인지문공원에서 쉬어가 보는 것은 어
떨까? 특히 봄날의 풍경은 환상적이어서 이국적이기까지 하다.

각자성석 (중기 이후)

구간에서 완전히 내려오면 그 끝에 각자성석이 줄지어 있는 것이 보인다. 성곽을 정비하는 과정에서 발견된 각자성석들을 이렇게 모아놓았다고 한다. 낙산 구산에서 이미 보았던 영동 및 홍산의 각자성석과 마찬가지로 태종·세종 때의 각자성석에도 구간명과 구간별 축성 담당 군현명이 새겨져 있다. 반면 이곳 각자성석들은 조선 중기 이후의 각자성석이다. 감독관과 책임기술자의 이름과 날짜 등이 새겨져 있는데, 숙종 때 군인들이 축조한 것으로 알려져 있다.

각자성석이 끝나는 지점에서 위로 올라가다가 성 밖 암문(충신동에서 창신동으로 나가는 암문)을 통해 성벽 안으로 들어오면 낙산 구간을 역방향으로 순성할 수 있다.

성곽 정비 과정 중에 모아놓은 각자성석

낙산 구간의 마침표, 흥인지문

각자성석 끝 지점에서 그대로 직진하여 조금 더 가면 횡단보도가 있는데, 건너가면 종착지인 흥인지문에 도착한다. 언제나처럼 도심 한가운데에서 꿋꿋이 자리를 지키고 있었다.

낙산 구간은 낮에 올라도 그 경관이 아름답지만, 밤에 오르면 도심의 불빛이 어우러진 황홀한 광경을 볼 수 있다. 또한 계절마다 각각의 색다른 매력이 있는 구간이기에 여러 번 방문해도 결코 지겹지 않은 구간이다. 길이가 길지 않고 경사도 완만하여 남녀노소 누구라도 부담 없이 순성할 수 있다. 한양도성 구간 중 가장 대표적이고 대중적인 구간으로 주저 없이 낙산 구간을 꼽을 것이다. 고향 친구들이 서울의 대표적 관광지를 묻는다면, 후배들이 데이트 장소를 추천해달라고 한다면 자신 있게 낙산 구간을 권할 것이다. 설명이 필요 없다. 낙산 구간은 '한양도성의 꽃'이자 '서울의 꽃'이다.

옹성으로 둘러싸인 흥인지문

한양도성 순성길
3코스 홍인지문 구간

①   ②   ③   ④   ⑤   ⑥

홍인지문   오간수교   동대문   이간수문   광희문   장충동 주택지역
         오간수문 터   역사문화공원

⑦

장충체육관

3코스

한양도성 순성길

─ 흥인지문 구간 ─

▌한양도성은 밤에도 굉장히 아름답다. 6구간 중에서도 특히 흥인지문 구간은 산속이 아닌 도심 번화가에 위치해 있고, 이 구간의 주요 지점인 흥인지문과 광희문은 조명이 켜졌을 때 더욱 빛이 나기 때문에 밤에 순성하기에 안성맞춤인 곳이다. 그래서 이번 탐방에서는 화려한 불빛이 빛나는 서울의 밤에 한양도성 구간을 순성했다. 서울의 밤은 낮보다 아름답다고 했던가. 그 아름다움을 소개하려 한다. 전통과 현대, 화려함과 소박함이 공존하고 우리의 삶이 녹아 있는 흥인지문 구간이다.

3코스　　흥인지문 구간은?

흥인지문 구간은 흥인지문(興仁之門)부터 광희문(光熙門)을 거쳐 장충체육관까지의 총길이 1.8킬로미터의 구간으로 약 1시간이면 순성을 마칠 수 있다. 지하철 1호선 동대문역 근처에 위치함으로써 서울 도심 한복판에 있어 6개 구간 중 접근성이 가장 좋다고 할 수 있다. 언제든 지하철을 타고 가는 길에 생각나면 잠깐 내려서 둘러보기에도 좋은 위치다.

광희문까지 가는 길은 흥인지문과 동대문역사문화공원이 위치하는 등 번화가인 반면, 광희문에서 장충체육관으로 가는 길은 민가 지역이라는 특징이 있다. 즉, 화려함과 소박함이라는 대비되는 광경을 만날 수 있는 매력적인 구간이다. 다만, 아쉽게도 성벽 대부분이 철거 및 훼손되어 있다.

흥인지문

구간 시작점인 흥인지문은 보물로 지정된 한양도성의 동대문이다. 현재의 흥인지문은 1869년(고종 6)에 다시 지은 것이라 조선 후기 건축의 특징이 잘 드러나 있어 보물로 지정되었다고 한다. 낮에 만나는 흥인지문이 '멋있다'라는 느낌이 강했다면, 밤에 만나는 흥인지문은 '아름답다'라는 느낌을 받게 해 주었다. 그리고 1907년 좌우 성벽이 헐려 지금과 같은 모습이 되었다. 즉, 낙산 성벽이 흥인지문까지 이어지지 않고 도로가 나 있는 형태로 남았다. 개인적으로 언젠가 모든 구간이 성벽으로 이어졌으면 하는 바람이다.

그런데 일제강점기 때 왜 양쪽의 성벽만 헐고 정작 흥인지문과 숭례문은 그대로 둔 것일까? 순성 해설에서 설명하기를, 임진왜란 중

흥인지문에서 바라본 낙산 성벽길

일본의 두 장군이 한양에 들어올 때 서로가 먼저 각각 숭례문과 흥인
지문을 통해 들어왔다고 주장했다고 한다. 다시 말해 일본 입장에서
는 숭례문과 흥인지문이 그네들 전쟁 영웅의 개선문이었기 때문에
무너뜨리지 않았다고 한다. 보존 이유가 뼈아프지만, 지금 이렇게 국
보로, 보물로 남은 건 천만다행이다.

서울의 지세는 서쪽이 높고 동쪽이 낮아 군사적으로는 동대문이
가장 취약하였다. 이 때문에 방어를 위해 옹성(甕城)의 모습을 하고
있다. 옹성 안으로 적이 들어오면 사방에서 화살이 날아와 적을 꼼짝
못하게 한다는데, 여기서 '독 안의 든 쥐'라는 말이 나왔다 한다.

● 한양도성의 방어시설 구축

옹성(甕城) : 중요한 성문 밖이나 안쪽을 둘러막은 방어 시스템으로, 적이 직접
성문에 접근하는 것을 차단할 목적으로 설치했다.
곡성(曲城) : 성벽의 일부분을 둥글게 돌출시킨 것을 말하는데, 인왕산과 백악산
에 하나씩 있다. 그중 백악 곡성은 일반인에게 개방되어 도성을 둘러싼 서울
의 산세가 가장 잘 보이는 곳으로 꼽힌다.
치성(雉城) : 성벽의 일부를 돌출시켜 적을 방어하기 위한 시설이다.

이간수문의 치성

금계국이 핀 흥인지문의 봄

낙산 성벽길에서 바라본 흥인지문 일대

1904년 훼철 전 오수간문 (《한국건축조사보고》)

오간수교와 오간수문

홍인지문을 떠나면 곧 오간수교(五間水橋)를 만난다. 동대문에서 을
지로5가로 가는 청계천에 놓여 있던 다리다. 5개의 아치형 홍예(虹蜺:
무지개다리) 위에 성곽을 쌓았다. 도성을 축성하면서 만든 5개의 수문
이 1907년 일제강점기 중추원에서 수문을 철거하고 콘크리트 다리를
놓게 되면서 오간수다리, 오간수교로 불렸다. 청계천 다리 중 유일하
게 한양도성 성벽 여장(女牆, 女墻)이 설치되어 있었다. 여장이란 체성
(성벽의 몸체) 위에 조성된 낮은 담장으로 아군이 몸을 숨긴 채 총과
화포를 쏠 수 있게 만든 시설이다. 성벽이 존재하고 있지 않은 위치
에 이렇게라도 그 흔적을 남긴 것을 보니 감회가 새로웠다.

> ● 청계천 다리
> 1760년 당시 본류에 있던 9개의 다리는 모전교(毛廛橋), 광통교(廣通橋), 장통교(長
> 通橋), 수표교(水標橋), 하랑교(河浪橋), 효경교(孝經橋), 마전교(馬廛橋), 영도교(永渡
> 橋), 오간수교(五間水橋)이며, 현재는 20개 이상의 다리가 존재한다.

흥인지문 일대는 도성 안에서 가장 지대가 낮아 내사산에서 내려
온 물줄기가 동대문 일대의 수문으로 빠져나갔는데, 그 수문 중 하나
가 바로 오간수문(五間水門)이다. 1481년(성종 12)까지만 해도 수문이 3
개였는데, 이후 증축을 거쳐 다섯 칸의 수문으로 만들어져 오간수문
이라고 한다. 지금은 오간수교 바로 아래가 아닌 남쪽 방면에 조성되
어 있는데, 본래 이쪽 자리에 위치한 것은 아니었다. 한양도성 오간
수문과 광희문은 비교적 근래에 복원한 시설임에도 원래 위치에 세
우지 못한 점은 못내 아쉬웠다. 한양도성이 유네스코 세계문화유산
에 지정되어 끊어진 성벽을 복원해서 최대한 원형에 가까운 모습을
언젠가 볼 수 있었으면 좋겠다.

《준천계첩》에 그려진 〈수문상친림관역도〉, 1760년 (부산박물관 소장)
영조 36년, 왕이 오간수문에 직접 친람하여 청계천 준설 공사를 살피고 있다.

오간수교에서 바라본 복원된 오간수문과 청계천 야경

오간수교

오간수교 한가운데에서 바라본 청계천의 모습은 환상 그 자체이다. 사람과 자연이 만나는 장면, 그리고 조선왕조뿐 아니라 근현대의 역사를 한 번에 느낄 수 있는 곳이다.

동대문역사문화공원(DDP)

오간수교를 건너면 옛 동대문운동장 자리에 조성된 동대문역사문화공원이 눈에 들어온다. 서울의 대표 랜드마크인 이곳은 박물관과 전시 및 쇼핑 공간 등 볼거리와 즐길거리가 풍성해 외국인들도 많이 찾는 관광 명소이다.

그런데 이곳은 역사 공간으로서 의미가 생각 이상으로 큰 장소이

동대문역사문화공원 내 건립된 동대문디자인플라자(DDP).
공원 내에는 한양도성과 이간수문 외에도 동대문역사관, 동대문유구전시장, 동대문운동
장기념관, 이벤트홀, 디자인갤러리 등이 있다.

다. 조선 후기에는 훈련도감(訓鍊都監: 조선 후기에 설치된 중앙 군영)의 별
영(別營)인 하도감(下都監)과 화약 제조 관서인 염초청(焰硝廳)이 있었
다, 1925년에는 일제가 일본 왕세자의 결혼기념으로 이곳에 경성운
동장을 지었는데, 성벽을 이용하여 관중석을 만들기도 했다. 해방 후
서울운동장으로 개칭되었다가 '88올림픽(제24회 서울올림픽)' 이후 다
시 동대문운동장이 되었다. 2007년 동대문운동장이 헐린 뒤 지금의
모습으로 변화하게 되었다. 이때 이간수문(二間水門), 치성(雉城) 등 한
양도성 관련 유적이 발견되어 현재 일부가 복원된 것이다. 이렇게 복
원된 공원 안 한양도성의 흔적을 찾아보았다.

이간수문

오간수문과 마찬가지로 수문의 역할을 한 이간수문이 동대문역사문화공원 안에 위치하고 있다. 이간수문은 조선 초부터 남산의 물을 도성 밖으로 흘려보내기 위해 설치한 시설로, 2칸의 문으로 이루어져 있어 이간수문이라고 한다. 일제는 황태자 히로히토의 결혼을 기념하기 위해 1924년 성곽을 허물고 1926년 이곳에 경성운동장을 건립하였다. 수문은 파괴된 채 그로부터 87년 동안이나 땅속에 묻혀 있었다. 동대문운동장 관중석 밑에 매몰되어 있다가 2008년 1월 동대문운동장 철거 공사로 인해 그 모습이 드러났는데, 지표 3.7미터 아래에서 발견되었다고 한다. 당시 원형에 가까운 모습을 유지하고 있었

밀리오레를 배경으로 한 이간수문

고, 이후 2009년 9월 동대문디자인플라자(DDP) 건립을 본격적으로 추진하면서 발굴 작업을 통해 복원되었다. 한양도성의 수문을 당시와 유사한 모습으로 볼 수 있는데, 그 옛날 남산에서 흐른 물이 이곳을 통해 도성 밖으로 빠져나가는 모습을 상상해 보았다. 그래서 동대문과 청계천이 인접한 것이었구나 하는 생각이 들었다.

이간수문 뒤로 밀리오레와 두산타워 건물이 보인다. 위치가 절묘하지 않은가! 전통과 현대가 공존하는 모습을 동시에 만날 수 있는, 흥인지문 구간을 대표하는 포토존으로 꼽을 수 있다. 이간수문 한쪽으로는 성벽이 쭉 연결되어 있는 모습을 볼 수 있다. 그 길이는 142미터에 달한다. 오간수교와 마찬가지로 오래전부터 이곳을 자주 지나쳤는데도, 한양도성의 성벽이 공원 안에 있다고는 전혀 생각하지 못했었다. 아마도 몸체만 있고 여장이 없었기에 인지하지 못했던 것 같다.

이 성벽 길 가운데 지점에는 '치성(雉城)'이 있다. 치성은 성벽의 바깥으로 덧붙여서 성벽의 일부를 돌출시킨 것을 말한다. 적을 방어하기 위한 시설로, 옹성과 더불어 지세가 낮은 흥인지문 일대의 방어를 보완하기 위해 치성을 구축한 것이다.

공원을 떠나기 전 뒤를 돌아 아름다운 광경을 잠시 감상했다. 잘 알려져 있다시피 동대문역사문화공원, 동대문시장과 쇼핑몰, 백화점, 영화관 등 동대문 일대는 서울을 넘어 대한민국의 랜드마크로 꼽히는 곳이다. 따라서 흥인지문 구간을 순성할 때는 동대문 일대를 연계하여 둘러보시는 것도 좋을 것이다.

● 오간수문과 이간수문

내사산에서 발원한 물길이 오간수문을 통해 중랑천으로 흘러 한강과 합류한다. 수문 앞에는 긴 돌을 놓아 수문을 관리하였다.

남산 기슭에서 발원한 남소문동천은 광희문 앞을 지나 이간수문으로 빠져 나간 후 성 밖에서 개천과 합류한다. 이간수문은 오간수문과 함께 도성의 배수 기능을 담당했다.

광희문

동대문역사문화공원에서 광희문(光熙門)까지는 그리 멀지 않다. 조금 걷다 보면 횡단보도 건너편에서부터 광희문이 보이기 시작하는데, 조명에 비친 야경이 장관이다.

광희문은 한양도성 사소문 중 하나로 동남쪽에 있는 문이다. 시구문(屍口門) 또는 수구문(水口門)이라고도 불렸다. 1928년 일제강점기에 일부 무너지고 1960년대에 퇴계로를 내면서 반쯤 헐렸던 것을 1975년 원 위치에서 남쪽으로 15미터 떨어진 현 위치에 중건했다고 한다.

광희문은 시체가 나가던 시구문으로, 문 밖은 노제(路祭) 장소였기 때문에 무당 집들이 많았다. 이로 인해 신당리(神堂里)로 불렸는데, 갑오개혁 이후 신당리(新堂里)로 바뀐 것이 신당동의 유래가 되었다.

광희문의 야경

광희문 홍예

시구문 또는 수구문으로도 불렸던 광희문

　일반 백성들조차도 출입하기를 꺼리는 문이었으나, 왕의 신분으로
이 문을 이용한 왕이 있었다. 병자호란 당시 인조는 청나라 군사가
예상보다 빨리 도성에 접근하자 광희문을 통해 남한산성으로 피신하
였다고 전해진다. 왕이 백성을 두고 피신한 그 문. 광희문은 그 어느
문보다도 비극적 역사를 함께한 문이다.

　한양도성은 어느 구간 할것없이 밤 풍경이 설렘을 주는데, 특히 광
희문이 그러하다. 그림보다 더 그림 같은 이 모습을 보기 위해 밤길
에 순성한 것이다. 정말 황홀하지 아니한가. 사실 광희문은 밤뿐만
아니라 낮 풍경도 예쁘다. 그래서 해가 지기 직전 광희문을 찾아 조
명을 켜기 전과 후의 모습을 모두 감상해보길 강력히 추천한다.

● 광희문 성벽의 낮과 밤

또 하나 놓치지 말아야 할 것이 있다. 흥인지문 구간에서 유일하게 축조 시기별 성돌의 각기 다른 모습과 각자성석을 볼 수 있는 곳이 광희문 성벽이니, 이곳을 둘러보아도 좋을 것이다.

광희문 성벽을 완전히 지나기 전 광희문 쪽을 바라보았다. 높은 나무 사이로 광희문의 성벽과 저 멀리 동대문 일대 쇼핑몰까지 한눈에 들어온다. 참 아름다웠다.

장충동 주택지역

광희문 성벽을 지나 장충동 주택가로 들어섰다. 1930년대에 동양척식주식회사가 이 일대에 문화주택 단지를 조성하면서 한양도성의 상당 부분이 훼손되었으며, 해방 후 1960~70년대에 주택들이 신축되면서 성벽도 파괴되었다. 일제강점기도 아닌 60, 70년대에 한양도성 성벽이 훼철되었다는 사실은 대단히 안타까웠다. 그렇게 파괴된 성벽의 돌은 주택의 담장이나 축대로 사용되었다고 하는데, 성돌의 흔적을 찾아서 골목길을 걷는 것도 의미 있는 시간일 것이다.

이 지역은 민가가 모여 있는데다가 밤에는 더 적막하기에 특히 조용히 순성에 임해야 한다. 한양도성 구간들에는 이처럼 지근거리에 마을 및 주택이 있는 곳이 많아 마을 사람들을 배려하는 자세가 중요하다.

순성을 시작한 지 1시간이 지나다 보니 더 어둑해져 주변 광경이 눈에 잘 들어오지 않았다. 이 골목길은 낮에 걸었을 때는 주변의 풍경이 잘 보여서인지 그때가 더 운치 있고 정감이 있었다. 역시 한양도성 각 구간은 낮과 밤, 계절마다 다른 모습을 보여주기에 여러 번 걸어도

● 장충 주택가 성벽 찾아가기

장충단로 8길 계단으로 내려오기

계단을 내려오면 보이는 성벽의 절개면

이 절개면을 따라 우회전하기

첫 번째 골목 깊숙이 남아 있는 성벽의 흔적

골목을 나와 오른쪽으로 시선을 두고 걸으면 골목 안쪽에 주택의 축대로 사용한 또 다른 성벽의 흔적이 보인다.

천주교 신당동 성당 맞은편으로 일제는 성곽을 헐고 고급 주택단지를 조성했고, 현재는 장충동 부촌이 형성되어 있다.

결코 지루하지 않은 다양한 감성을 전해준다.

순성 구간의 막바지에 이르자 천주교 신당동 성당이 나왔다. 1951년 현 위치에 설립된 성당으로 역사성이 느껴졌다. 성당을 지나고 나니, 다음 순성 구간인 남산 구간의 안내판과 그 초입의 모습이 보였다.

천주교 신당동 성당

장충체육관

흥인지문 구간의 종료 지점이자 남산(옛 이름 목멱) 구간의 시작 지점이 장충체육관이다. 1963년 2월 개장한 국내 최초 실내체육관으로, 2015년 1월 리모델링을 통해 재개장한 시립 체육시설이다. 체육관 규모는 지하 2층, 지상 3층 건물로 관람석은 4,507석이며, 체육관 외부는 원의 형태이고 돔으로 된 지붕을 가지고 있다. 체육관 내부의 원형 코트는 배구, 농구, 핸드볼 경기가 가능하고, 각종 문화행사가 개최되고 있어 도심 속에 위치한 스포츠와 문화복합시설로서의 기능을 하고 있다.

장충체육관 뒤로 불빛을 띠는 N서울타워가 보였다. 마지막까지 아름다운 모습을 볼 수 있는 흥인지문 구간이다. 전통과 현대, 화려함과 소박함이 공존하고 우리의 삶이 녹아 있는 곳. 중세, 근대, 현대의 역사가 공존하며 살아 숨 쉬는 곳. 바로 이곳 흥인지문 구간이다.

동호대로를 건너면 장충체육관과 신라호텔이 보이고 다산 성곽길로 연결된다.

　우리 선조들과 후손들의 삶이 고스란히 담겨 있고, 화려함을 옆에
두고 있으면서도 소박함도 간직하고 있는 곳이다. 자연환경의 도움
없이 옹성의 형태로 도심 한가운데를 지키고 있는 흥인지문. 민생의
삶을 대변하고 위로하는 듯한 작지만 강한 광희문. 그 자체로 우리네
삶을 상징하고 있는 듯하다.

　지방에서 상경한 후 흥인지문 일대에 도착했을 때 서울에 내가 왔
음을 다시금 깨닫고는 했었다. 특히 서울살이가 힘들었을 때 흥인지
문은 그 존재 자체로 내게 큰 위로가 되었고, 광희문은 민중의 삶이
고스란히 살아 숨 쉬는 곳으로 나에게 늘 친구와 같았다. 성벽이 사
라진 곳은 부디 조금씩이나마 복원되었으면 하는 바람이다.

한양도성 순성길 4코스 남산 구간

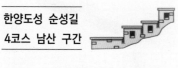

①	②	③	④	⑤	⑥
장충체육관 뒷길	반얀트리클럽 & 스파서울	남산공원 입구	국립극장	나무계단길	남산공원 정상

⑦	⑧	⑨	⑩	⑪	⑫
서울중심점	N서울타워	남산 팔각정 국사당 터	목멱산 봉수대 터	사랑의 자물쇠	잠두봉 아일랜드 포토존

⑭	⑮	⑯
한양도성 유적전시관	백범광장 일대	숭례문

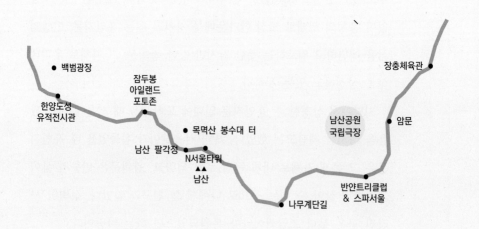

4코스

한양도성 순성길

─ 남산 구간 ─

┃ 남산 구간은 환상적이다. 천국으로 가는 길, 아니 천국에서 길을
걷고 있는 듯한 느낌이 들며, 감당하기 힘들 정도의 아름다운 광경이
이어진다. 자연과 도심, 그리고 성벽의 조화를 이루는 구간! 서울과
대한민국의 랜드마크 중에서도 단연 손꼽히는 명소들이 위치한 곳
이 바로 한양도성 남산 구간이다. 만약 남산 구간을 방문한 경험이
있으시다면, 한양도성길을 따라 한양도성에 초점을 맞춰 걸어보시길
권해드리고 싶다.

4코스   남산 구간은?

장충체육관 뒷길에서 남산공원을 거쳐 백범광장까지의 구간이다.
해발 270미터의 남산은 서울의 안산으로, 정상 부근은 서울의 중심부
에 해당된다. 구간 거리는 약 4.2킬로미터에 이르는데, 물리적 길이도
길이지만 볼거리도 워낙 많아 소요 시간이 약 3시간은 걸린다. 아니 사
실 좀 더 찬찬히 들여다본다면 그보다
훨씬 더 넘는 시간이 소요될 것이다. 여
러 명소를 모두 살피기에는 하루 종일
잡아야 할 것 같아 한양도성 순성길을
중심으로 쭉 걸어 나갔다.

남산 구간은 남산공원 정상부 이전과
이후로 나눌 수 있다. 만약 한 번에 남산
구간 모두를 순성하기 부담스럽다면 나

장충체육관 뒷길에서 바라본 남산

누어서 방문하기를 권해드린다. 모든 구간을 순성할 때 성 바깥쪽 길 및 안쪽 길을 모두 걸을 수 있는 곳은 성 안쪽 길로 걷고자 계획한 바 있는데, 이번 남산 구간도 그렇게 걸었다. 안쪽 길이 지대가 높다 보니 마을 방면으로 내려다보는 광경이 매우 아름답긴 하지만, 성벽을 제대로 보기에는 바깥쪽 길로 걷는 것이 훨씬 낫고, 그 모습 또한 운치가 있어 좋다. 전 구간 순성을 다 마치고 다음에 또 한 번 전 구간 순성에 나선다면, 바깥쪽 길을 중심으로 걷는 것도 좋은 방법일 것이다.

장충체육관 뒷길

흥인지문 구간의 끝이자 남산 구간의 시작 지점인 장충체육관은 1963년 2월 개장한 국내 최초의 실내체육관으로, 2015년 1월 리모델링을 통해 재개장하여 운영 중에 있다. 지하철 3호선 5번 출구로 나와 장

지하철 5번 출구로 나와서 위쪽으로 5분 정도 오르면 뒷길로 연결된 순성길이 나온다.

성벽 너머 보이는 풍경

충체육관을 지나면 남산 구간의 시작 지점인 나무계단을 만날 수 있다.
여기서부터 장충체육관 뒷길을 따라 걸었다.

한양도성이 자연 지형을 따라 축조되어서 그 길은 자연을 품은 길
이다. 마치 천국으로 가는 길을 걷고 있는 듯한 기분 좋은 느낌을 받
았다. 왼쪽은 성벽과 그 바깥 풍경, 오른쪽은 유명 호텔의 아름다운
조경이 보인다. 굉장히 힐링되는 길이었다. 인적도 드문 편이라 자연
의 소리를 들으며, 그리고 꽃과 나무, 새를 보며 행복한 마음으로 걸
을 수 있었다. 그야말로 자연에 취했다. 어느 정도 높이 올라왔다 싶
었을 때 옆과 뒤를 돌아보았는데, 성벽 너머 보이는 마을의 모습이
아름다웠다.

안쪽 성벽이 끝나는 부분

바깥 성벽의 오래된 모습

    뒷길이 끝나갈 무렵 다듬어지지 않은 투박한 성벽이 단절된 지점에 도달했다. 한양도성 구축 초창기에 축조된 성벽의 모습이었다. 크기가 제각각인 돌로 구성된 성벽을 보니 보는 재미가 있었다. 아주 오래전에 축조되었음에도 잘 보존되어 있었다. 그리고 성벽의 바깥 부분을 살펴보니 그 아래로 성곽마을이 펼쳐져 있다. 다산동 성곽마을이다. 다음번에 이 바깥 성곽마을을 보기로 하고, 국립극장을 향해 발걸음을 옮겼다.

반얀트리클럽 & 스파서울

반얀트리클럽 & 스파서울을 끼고 길은 이어졌고, 이 구간은 우리 손으로 훼손한 성벽의 멸실 구간이다. 도성 자리에 들어선 반얀트리 호텔 부지를 밟고 장충단로 도로를 건너야 한다. 비록 온전한 자연의 모습은 아니긴

● 남소문 터
광희문이 남소문으로 알려져 있으나, 중구 장충동에서 용산구 한남동으로 넘어가는 고갯길에 별도의 남소문이 있었다. 1457년(세조 3년)에 세워졌다가 1469년(예종 1년)에 음양설에 따라 폐쇄되었다.

했지만, 남산 구간답게 구간을 걷는 내내 N서울타워의 모습이 수시로 보였다. 호텔을 빠져나오니 건너편에 국립극장이 보였다. 여기에서 버티고개 방면으로 걸어가면 남소문 터 표지석을 볼 수 있다.

남산공원 입구와 국립극장

순성을 계속해야 하기에 국립극장 쪽으로 길을 걸으니 '남산공원'

국립극장 전경

표지판과 함께 재일동포의 권리 증진과 법적 지위 향상, 민생 안전 등을 위해 일해온 김용환 지사의 동상이 보였다. 동상을 지나 오른쪽으로 국립극장이 나왔다. 1950년 아시아 최초의 국립극장이 설립되었고, 1973년 이곳 장충동에 새롭게 건립되어 이전하였다. 이곳 국립극장은 1974년 광복절 경축식 행사 도중 육영수 여사가 저격당한 장소이기도 하다. 3호선 동대입구역 6번 출구에서 셔틀버스가 운행 중이고, 420번, 01번 순환버스로 오는 방법도 있다. 드디어 국립극장을 지나 남산공원으로 들어간다.

나무계단길

남산 동쪽 나무계단길

진입로부터 조경이 멋진 남산공원은 그 범위가 굉장히 광범위하다. 어느 쪽으로 걸어도 다 좋은 길이나, 한양도성 순성길로 걷고자 목표를 잡았다면 갈림길에서 안내판 등을 잘 파악해야 한다. 안내판이 없는 것은 아니지만, 초행인 분들에게는 눈에 잘 들어오는 것이 아니기에 어디가 순성길인지 충분히 헷갈릴 만했다. 나 역시 초행길에서는 긴가민가했던 경험이 있다. 버스정류장이 보이는 두 갈래 갈림길에서 버스정류장 반대편으로

초기의 성벽과 후기의 성벽이 어우러져 있다.

걸어야 한다는 것을 꼭 숙지하시기 바란다.

그렇게 갈림길에서 왼쪽으로 올라가면 이내 655계단의 남산 동쪽 가파른 나무계단길이 나온다. 끊겼던 성벽을 여기에서 만나니 반가웠다. 축성된 지 600여 년이 넘은 태조 시기의 성벽이 축조 당시의 모습을 유지한 채 상당 부분 남산 동쪽 능선을 따라 길게 이어져 있었다. 그러면서도 숙종 혹은 순조 시기의 보수된 성벽도 중간 중간 눈에 띄었다. 그렇게 바라보다 보니 비교적 선명한 각자성

숙종 35년에 새긴 각자성석

성벽에서 내려다본 국립극장과 신라호텔, 그리고 도심의 풍경

석(글자를 새긴 성돌)이 보였다. 숙종 35년(1709) 8월에 도성 개축 임시 책임자인 조정원, 오택, 윤상후가 함께 공사를 감독했으며, 전문 석수 안이토리(1711년 광희문 개축 공사에서 돌에 깔려 중상을 입고 사망한 인물)가 공사에 참여했다는 내용이 안내 표지판에 적혀 있었다.

각자성석을 지나 인적 드문 숲속의 성벽 길을 나 홀로 걸으니, 이제는 천국으로 가는 길이 아니라 천국 속을 걷고 있는 기분이 들었다. 좌우를 돌아보면 예쁜 꽃과 아름다운 도심이 내려다보였다. 마침 멀리 전망할 수 있는 나무데크가 있어서 잠시 전망을 감상했다. 국립극장과 신라호텔 너머의 주택-아파트-산이 조화를 이루는 광경이 탄성을 자아냈다. 한강과 멀리 제2롯데월드 건물도 보였다. 환상적이었다.

남산 정상 가는 길

그렇게 천국 길과 같은 숲속 길을 지나고 나니 남산 정상으로 향하는 널찍한 길이 나왔다. 성곽 뒤로 남산타워도 매우 크게 보이기 시작했는데, 웅장하고 멋졌다! 튤립을 비롯한 꽃들이 양쪽으로 펼쳐져 있어 제대로 눈 호강을 할 수 있었다. 이곳에서는 잠시 쉬면서 성벽이 끝나는 지점의 바깥 길로 잠시 눈을 돌려보기 바란다. 이 성벽은 각자성석이 새겨져 있는 지점으로 성벽의 아름다움을 한눈에 보여주는 곳이다. 역방향인 백범광장에서 출발해서 각자성각 구간으로 올라오는 지점의 끝 구간이기도 하다. 한양도성 남산 구간은 정말 완벽했다. 사람으로 비유하자면 '사기 캐릭터' 혹은 '다 가진 자'라는 표현이 적합할 것 같았다. 정말 뭐 하나 빠지는 것 없이 다 갖춘 곳이었다.

성벽이 끝나는 지점 각자성석이 새겨진 바깥 길

01번과 8001번을 타고 남산 정상 버스 정류장에서 내려 걸어갈 수도 있다.

남산 정상 가는 길에 바라본 N서울타워

남산 정상과 서울 중심점

마침내 남산 정상 부근에 도착했다. 여러분들은 서울의 한가운데가 남산 정상부라는 것을 알고 있었는가? 조선 태조 3년(1394) 한양으로 도읍을 정하고 한양도성이 중심이 되었다가 행정구역이 확장되어 한강의 남북까지 어우러지게 되었다. 위성항법장치(GPS)로 측량한 결과 서울의 지리적 중심점이 남산 정상부에 있다는 것이 밝혀졌고, 이 자리에는 서울의 중심점임을 표시하는 조형물이 설치되어 있다. 시선을 돌려 왼쪽을 보니, 남산타워로 불리는 N서울타워가 위치해 있었다.

서울의 지리적 중심점이 남산의 정상임을 알려주는 서울 중심점

N서울타워

남산 정상에 우뚝 솟은 전망탑으로 해발 480미터 높이에서 360도 회전하면서 서울시 전역을 조망할 수 있는 명소이다. 1969년 수도권에 텔레비전과 라디오 전파를 송출하는 종합 전파탑으로 세워졌다가 1980년부터 일반에게 공개되었다. 이후 대대적인 보수를 거쳐 2005

N서울타워와 남산 팔각정

년 복합문화공간인 N서울타워로 재탄생하였다.

그 유명한 이곳을 이때 처음 맞이했다. 늘 멀리서만 보던 것에 익숙했는데, 눈앞에서 바라보니 어색한 동시에 신기하기도 했다. 서울살이 10년이 다 되어 가는데, 이제야 N서울타워를 눈앞에서 보게 되어 감회가 새로웠다. N서울타워의 멋진 모습은 내려가는 길에 바라보는 것이 더 웅장하다. 한양도성유적전시관이 내려다보이는 지점에서 꼭 뒤돌아서 바라보기를 권한다.

남산 팔각정과 국사당 터

국사당 터 표지석

이곳 근처에는 남산 팔각정이 있다. 본래 남산 팔각정 자리는 조선시대 국사당(國師堂)이 있던 자리였다. 조선 태조는 남산을 목멱대왕으로 삼고 이 산에서 국태민안(國泰民安)을 기원하는 국가 제사만 지낼 수 있게 하려고 이곳에 국사당을 지었다. 그런데 1925년 일제가 남산에 조선신궁을 지으면서 국사당은 인왕산 기슭으로 옮겨졌다. 원 국사당 자리에는 제1공화국 때 탑골공원 팔각정과 같은 모양의 정자를 지어 이승만 대통령의 호를 따 '우남정'이라고 하

사랑의 자물쇠 사이로 바라본 남산 팔각정

였다. 그러다 4·19 혁명 이후 팔각정으로 이름을 바꾸었고, 현재까지 그 이름이 이어져 오고 있다. 팔각정을 지나 내리막길을 내려갔다.

목멱산 봉수대 터

조금 내려오니 목멱산 봉수대 터가 등장했다. 기념물 제14호 목멱산 봉수대는 조선시대 전국 팔도에서 올리는 봉수(烽燧)의 종착점이었다. 봉수란 낮에는 연기로, 밤에는 불빛으로 변방의 정세를 알리는 시각(視覺) 신호를 말한다. 평시에는 1개의 봉수를 올렸으며, 변란이 생기면 위급한 정도에 따라 2개부터 5개까지 올렸다. 목멱산 봉수대는 1423년(세종 5)에 설치되어 1895년까지 500여 년 동안 존속하였다. 현재의 봉수대는 1993년에 추정 복원한 것이다. 그 옛날 이곳에서 연기가 피어올랐던 모습을 상상해 본 뒤 발걸음을 이어갔다.

봉화의식은 연중 진행되고 있는데, 월요일은 휴무이고 시간은 오전 11시에서 12시 30분 사이에 진행된다.

잠두봉 포토 아일랜드

본격적으로 성벽 내리막길을 향해 내려갔다. 이 길은 걷기도 편한데다가 멀리 도심 풍경을 정면으로 보면서 갈 수 있어 좋았다. 왼쪽에는 주택가들부터 아파트, 그리고 저 멀리 삼성동 한국종합무역센터도 보였는데, 보는 눈이 즐거울 수밖에 없었다.

조금 더 내려가니 사진 찍기 좋은 잠두봉 포토 아일랜드에 다다랐다. 남산 서쪽 봉우리는 누에머리를 닮았다 하여 예부터 잠두봉(蠶頭峰)

잠두봉 포토 아일랜드에서 바라본 인왕산, 백악산, 북한산을 배경으로 한 도심 전경

내려가는 길에 바라본 N서울타워

이라 불렸다고 한다. 이곳에서는 내사산으로 둘러싸인 도심의 빌딩 숲을 한눈에 볼 수 있다. 남산에서 이미 여러 번 도심의 파노라마 풍경을 보았는데, 잠두봉 포토 아일랜드에서의 경관 역시 훌륭하였다.

다시 걸어 내려가며서 한양도성유적전시관이 내려다보이는 지점에 도착해서 뒤를 돌아보니 오후의 햇빛을 받아 N서울타워 밝게 빛나고 있다. 남산타워가 가장 아름답게 보이는 지점이다. 올라올 때 본 남산타워보다 내려가면서 뒤돌아본 모습이 밝고 산뜻하다. 그러니 이 지점에서 꼭 뒤돌아 감상하기를 적극 추천한다.

한양도성유적전시관

한양도성유적전시관은 2013~2014년 발굴조사를 통해 드러난 성벽 유적을 전시하고 있다. 이 유적은 한양도성 남산 구간의 일부로 그동안 멸실된 줄로만 알았던 성벽 구간이다. 전시관이 자리 잡은 남산 자락은 한양도성의 오랜 역사를 압축적으로 보여주는 장소다. 한양도성 유적(1396), 조선신궁 배전(拜殿: 절하며 참배하던 곳) 터(1925), 남산분수대(1969) 등을 포괄하는 전시관 권역에서는 조선시대 축성의 역사, 일제강점기의 수난, 해방 이후의 도시화, 최근의 발굴 및 정비 과

정을 모두 볼 수 있다. 이렇게 마련한 것
은 매우 고무적이지만, 성벽 위 지붕을 왜
저러한 색상과 모양으로 했는지는 의아했
다. 한양도성 성벽과 연관성이 없어 보였
고, 썩 어울리지는 않는다는 느낌도 들었
기 때문이다. 지금 생각해보니 옥개석처럼
상징화한 것이 아닌가 느껴진다. 무엇보다
도 이곳은 조선신궁 배전 터와 반공호, 그

한양도성유적전시관과 남산도서관 전경

리고 한양도성의 유적이 있기에 아이들에게 교육적으로 매우 유익한
곳이다. 스토리텔링이 보다 보강되어 아쉬운 점이 개선된다면 앞으로
시민들에게 더욱 유익한 전시관으로 자리매김할 것이라고 기대한다.

● 한양도성유적전시관 둘러보기

1. 한양도성 유적
총 길이 약 189미터의 한양도성 유적이 발굴되었다. 한양도성은 조선 왕조 내내 지속적인 보수를 통해 유지되는데, 이 유적은 태조(14세기), 세종(15세기), 숙종 이후(18~19세기)에 쌓았던 부분들이 하나의 성벽을 이루고 있어 시기별 축성 양식의 변화를 확인할 수 있다. 성벽을 쌓을 때 임시로 나무 기둥을 박았던 구멍의 흔적들도 함께 발굴되어 전시 중이다.

2. 조선신궁 배전 터
한양도성 남산 구간은 1925년 일본의 식민 통치를 상징하는 조선신궁 건립으로 크게 훼손되었다. 이 건물지는 조선신궁 내 배전의 기초 구조물로 성벽 발굴조사 때 함께 발견되었다. 일제가 한양도성을 철거하고 그 위에 조선신궁을 세웠다는 사실을 확인할 수 있는 현장이다.

3. 분수대
광복 이후 조선신궁이 없어진 자리에는 이승만 대통령 동상이 들어섰다가 4·19 혁명으로 철거되고, 1968년부터 남산 식물원과 분수대가 자리 잡았다. 둘레 20미터의 분수대는 당시 우리나라에서 가장 규모가 컸으며, 나들이 장소로 사랑받았다. 2006년 '남산 제모습 가꾸기' 사업으로 식물원은 철거되었으나, 분수대 광장은 발굴 전까지 유지되었다.

4. 방공호
일제강점기에 설치된 이 방공호는 적군의 공중 공격을 피하기 위한 방어시설이었다. 입구 계단을 내려가면 약 33㎡의 방과 긴 통로가 있는데, 관람객 안전을 위해 내부 관람은 제한하고 있다.

5. 각자성석
발굴조사에서 발견된 '내자육백척(柰字六百尺)' 각자성석은 14세기의 것으로 이 구간의 명칭이 천자문의 60번째 글자인 '내(柰)'자였음을 보여준다.

백범광장 일대

한양도성유적전시관을 지나 백범광장으로 향하던
중 안중근 의사의 동상이 보였다. 그리고 남산도서관
맞은편으로 2010년 개관한 안중근의사기념관이 자
리 잡고 있었다. 이어서 내려오면 백범 김구 선생의
동상이 세워진 백범광장을 만나게 된다. 원래 이 자
리에는 이승만 대통령의 동상이 세워져 있었는데,
4·19혁명 이후 이 동상을 허물고 1968년 김구 선생
동상을 세워 공원을 조성했다. 공원 내에는 김유신
장군 기마상과 이시영 선생의 동상도 볼 수 있다.

이처럼 남산의 백범광장 주변에 백범 김구 동상,
성재 이시영 동상, 안중근의사기념관과 안중근 의사
동상 등 항일 독립운동가를 기리는 기념물이 많은데,

백범 김구 동상

안중근의사기념관

안중근 의사 동상

이는 일제강점기에 조선신궁이 있던 곳이어서 일제 식민 지배의 상징을 항일 독립운동의 상징으로 대체하기 위함이라고 한다. 조국을 위해 목숨 바친 분들의 정신이 떠올라서 마음이 숙연해졌다.

새로 쌓은 성벽

백범광장 일대 한양도성은 일제강점기 조선신궁을 지을 때 모두 철거되거나 흙 속에 묻혔다가 최근 다시 성벽을 쌓았다. 다만 지형 훼손이 심해 원형을 살릴 수 없는 구간에는 성벽이 지나던 자리임을 알 수 있도록 바닥에 흔적이 표시되어 있었다.

새로 조성된 성벽의 야경

백범광장을 지나니 근래에 쌓은 성벽이 길게 이어졌다. 이 성벽 길은 사실 산속에 있는 것이 아니다 보니 성벽이 온전히 눈에 들어왔고, 그 성벽의 아름다움과 매력이 십분 발휘되는 길이었다. 최근에 쌓은 성벽이라 굉장히 깨끗하고 튼튼해 보이기도 했다. 특히 뒤돌아보았을 때, 성벽 뒤로 N서울타워가 보이는 배경은 남산 구간의 상징적인 장면이라 할 수 있을 정도로 인상 깊고 조화롭고 아름다웠다. 한양도성을 가장 쉽고 대중적으로 만나기 좋은 곳이 남산 구간의 바로 위 지점일 것이다. 숨겨진 서울의 야경 장소로도 유명하여 봄밤 성벽길을 걸으며 야경을 즐기는 연인들의 마음을 설레게 하는 곳이다. BTS가 이곳을 배경으로 찍은 덕분인지 외국인들이 많이 찾는 공간이기도 하다.

숭례문

끝까지 아름다웠던 남산공원을 뒤로 하고, 새로 조성된 성벽을 걸어 내려왔다. 남산공원 표식이 있는 입구에서 길을 건너니 생각지 못한 성벽이 길게 늘어져 있었다. 버스 정류장과 도로 옆 보도 한쪽에 성벽이 있는 모습은 색다른 느낌을 주었다. 그리고 그 끝자락에 다다를 때쯤 건너편에 있는 숭례문(崇禮門)이 눈에 들어왔다. 버스를 타고 수도 없이 지나갔지만, 걸어서 숭례문 바로 앞까지 온 것은 처음이었다. 외국인들이 많이 모여 있었는데, 역시 대한민국의 랜드마크라고 손꼽을 만했다.

숭례문 현판

숭례문으로 이어지는 성벽길

숭례문 홍예 천장의 용 문양

2008년 2월 10일 국보 숭례문이 불에 타버린 사건은 전 국민을 걱정의 불길에 휩싸이게 할 정도로 가슴 아픈 일이었다. 한양도성박물관에서 숭례문 모형을 통해 뒷면을 본 후 다음 기회에 숭례문에 도착하면 정면부터 후면까지 자세히 보고자 했는데, 반대편에서 문 사이로 바라보니 저 멀리 구 서울역 건물이 빼꼼히 그 자태를 보여주었다. 이렇게 백범광장을 넘어서 숭례문까지 보는 것으로 순성을 마쳤다.

숭례문 수무군 교대 및 파수의식
매주 월요일을 제외하고 오전 10시~12시, 오후 1시~오후 3시 40분에 열린다.

한양도성 순성길
5코스 숭례문 구간

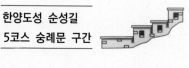

①	②	③	④	⑤	⑥
숭례문	대한상공회의소	소의문 터	평안교회	배재학당 역사박물관	서울시립미술관

⑦	⑧	⑨	⑩	⑪	⑫
정동제일교회	중명전	신아기념관	심슨기념관 (이화박물관)	구 러시아공사관	캐나다대사관

⑭	⑮
창덕여중 담장	돈의문 터

5코스

한양도성 순성길

― 숭례문 구간 ―

▌ 한양도성 앱에서는 숭례문 구간의 시작점을 '백범광장'에 두고 있는데, 지난번 남산 구간 순성에서 백범광장을 다녀왔었기에 숭례문을 시작점으로 잡았다. 사실 숭례문 구간은 한양도성의 흔적이 거의 남아 있지 않다. 하지만 이 익숙한 길 어디에 어떤 식으로 한양도성의 흔적이 남아 있는지와, 지금은 어떤 건물과 길로 채워져 있는지를 알고자 하는 마음으로 이번 순성길에 올랐다. 구간 거리는 약 2킬로미터에 불과하지만, 역사적으로 매우 의미 있고 볼 만한 건물들이 즐비한 곳이어서 생각했던 것보다는 시간이 소요되었다. 근대 역사의 의미 있는 건축물을 마음껏 볼 수 있는 구간이다.

5코스　　## 숭례문 구간은?

백범광장에서 숭례문(崇禮門)을 지나 돈의문 터까지 이어지는 구간으로, 이 구간에는 근대 시기에 성벽이 헐린 아픈 역사가 존재한다. 지금 그 자리에는 다른 근대적 건물들이 들어서 있다. 구한말 서양의 근대 문화를 받아들이면서 공사관·예배당·학교·병원 등 근대화의 상징적 건물들이 들어섰다. 특히 정동은 정치외교의 1번지답게 근대적 건물들이 즐비한 곳이다.

1882년 조선은 최초로 서구 세력인 미국과 통상조약(조미수호통상조약)을 체결했다. 잇따라 영국·러시아·프랑스·독일·벨기에 등 서구 국가들과도 조약을 체결하여 문호를 개방하자 각국 공사관과 외교관 사택 등이 정동에 들어섰고, 정동은 서양인촌으로 바뀌게 되었다. 이

시기에 선교사들도 정동에 들어와 예배당과 학교 건물을 세웠다.

1899년에는 전차가 개통되어 숭례문의 역할이 다하자 급기야 1907
년에는 교통 불편을 해소하기 위한 명목으로 숭례문 양쪽 성벽을 철
거하기에 이르렀다. 이후에도 남대문로 주변에 대형 건축물이 들어설
때마다 성벽이 철거되어 숭례문 주변에서는 옛 성벽을 찾아보기 어
렵다.

현재 숭례문을 지나서 한양도성의 흔적을 만날 수 있는 곳은 대한상
공회의소에서 퍼시픽 타워로 이어지는 길가로, 성벽 일부가 담장처럼
남아 있다. 또 정동길을 따라 걸어가다가 어반가든 골목길로 들어서면
창덕여자중학교 담장 아랫부분에 50미터의 성벽을 겨우 찾아볼 수 있
다. 백범광장에서 숭례문까지 가는 길에는 밀레니엄 서울힐튼 및 SK남
산빌딩 뒤쪽에 일부 성벽이 존재하는 정도이다.

숭례문

한양도성 남산 구간 순성 때 종료 지점으로 방문했던 숭례문을 구간 시작 지점으로 정하여 다시 한 번 찾아 순성을 시작하였다.

국보 서울 숭례문은 한양도성의 남대문이자 정문이다. 1395년에 짓기 시작하여 1398년 완공하였고, 1448년에 개축하였다. 조선 초기 건축 기법이 잘 남아 있는 한양의 출입문으로, 매일 밤 인정(10시경)에 문을 닫았다가 다음날 새벽 파루(4시경)에 문을 열었다. 문루에 종을 달아 그 시간을 알렸다. 1907년 교통에 불편을 초래한다는 이유로 좌우 성벽이 헐린 뒤에는 문화재로만 남았다. 서울에서 가장 오래된 목조 건물이었으나, 2008년 2월 화재로 1층이 약 10퍼센트, 2층 문루가 약 90퍼센트 소실되었다가 2013년 5월 복구되었다. 이때 숭례문 서쪽 16미터, 동쪽 53미터의 성벽을 연결하였다.

숭례문을 둘러본 뒤, 스탬프 도장이 있는 곳을 찾았다. 백악 구간의 숙정문 안내소, 흥인지문 안내소에 이어 세 번째 스탬프 도장을 꾹 찍고는 본격적인 순성길에 올랐다. 한양도성의 흔적이 미미한 구간이라 그런지 곳곳에 순성길 안내 표지판이 눈에 띄었다.

대한상공회의소 부근 성벽

1984년 숭례문 부근 세종대로에 대한상공회의소가 건설되었다. 우리나라 경제계를 대표하는 이 단체는 조선시대 개항의 시기까지 그 역사가 거슬러 올라간다. 1876년 조선은 일본과 강화도조약을 체결한 후 개항을 하였다. 일본인 상인들이 상업회의소를 도입하자 조선의 토착

대한상공회의소 부근의 성벽

상인들은 일본을 견제하고자 '원산상의소'에 이어 2년 후 '한성상업
회의소'를 세운 것이 그 근원이다.

숭례문에서 끊긴 성벽은 건너편 대한상공회의소 부근에 성벽 일부
가 담장처럼 남아 있다. 일제강점기인 1907년 한양도성의 본격적인
철거가 여기에서부터 시작했다고 한다. 그 결과 여장은 물론 체성조
차 흔적을 찾을 수 없게 훼손되었는데, 2005년에 옛 성돌의 흔적 위에
새로 몇 단을 쌓아 올려 지금의 모습을 하게 되었다. 성벽이 있던 자
리에 이렇게 복원이 되었지만, 여장도 없이 새 성벽돌만 있으니 정겹
지는 않았다. 기왕이면 성벽 위에 여장도 복원하여 누가 봐도 성벽인
지 알 수 있도록 하면 좋았을 것 같지만, 아쉬운 대로 성벽 주변으로
걸음을 옮겼다.

조금 걸어가니 드디어 옛 성벽돌의 흔적이 보였다. 아주 짧게 늘어져 있었다. 그리고 이내 새 성벽돌이 이어지다가 다시 옛 성벽돌이 섞인 담장이 나타났다. 이번 숭례문 구간에서 한양도성의 흔적이 가장 두드러진 지점이었다. 옛 성돌 위에 새 성돌을 쌓아 이렇게나마 성벽이 형성된 것도 다행이라고 해

새 성벽돌과 옛 성벽돌이 섞여 있는 성벽의 흔적

야 할 듯싶다. 숭례문 구간에는 화려한 건물과 명소가 즐비하지만, 개인적으로 한양도성의 흔적이 그나마 남아 있었던 이곳 길을 걸을 때가 가장 좋았다. 그렇게 성벽길을 지나 정동 방면으로 이동했다.

소의문 터

정동으로 가는 길에 소의문(昭義門) 터 표식이 있었다. 사소문 중 하나로 도성의 서남쪽에 있었던 소의문은 1396년 도성과 함께 축조되어 처음 이름은 소덕문(昭德門)이었다가 1744년(영조 20) 문루를 개축하면서 소의문으로 이름을 바꿨다고 한다. 광희문과 함께 성 밖으로 상여를 내보내던 문이었는데, 천주교 순교자들 대부분도 이 문밖에서 처형당했기 때문에 외국인들 사이에서는 순교자의 문으로도 불렸다고 한다.

소의문 터 표지석

1914년 일제의 시구개수사업 과정에서 헐려 지금은 소의문 터였음을

알리는 표지석만 남게 되었다.

소의문 터를 지나 길을 건너 순성을 이어갔다. 이제 본격적으로 정동길을 따라 근대 역사문화의 흔적들을 볼 것이다. 정동은 너무나 익숙한 이름의 장소이다. 덕수궁(德壽宮)이 자리 잡고 있고, 덕수궁 돌담길에서 정동길로 이어지는 길은 계절마다 아름다운 풍경을 전해주는 도심의 명소로 유명하다.

서울미래유산 '평안교회'

배재학당역사박물관 건물이 나오길 기대하던 와중에 예상치 못한 건물과 맞닥뜨렸다. 붉은 벽돌의 웅장한 고딕 탑이 인상적인 서울미래유산 평안교회였다. 서울미래유산은 2013년부터 서울시가 서울의 역사와 문화를 미래 세대에게 전하기 위한 것으로, 가치가 있는 자산을

발굴하여 보전하는 프로젝트다. 서울을 대표하는 유산 중 국가나 서울시 지정이 아니거나 등록문화재로 등재되지 않은 유·무형 자산을 대상으로 한다.

대한예수교 장로회 교회로 한국전쟁 중 1951년 부산에서 첫발을 내딛은 평안교회는 부산 보수산 중턱에서 첫 예배를 드리고 '평양교회'로 이름을 지었다. 1953년에는 서울로 이전하여 충무로3가에 건물을 마련하였는데, 교세를 확장하여 1956년 서소문동에 있

던 서문교회와 통합한 뒤 교회 이름을 '평안교회'로 변경하였다. 1964년 순화동으로 이전한 후 1967년 고딕 양식의 벽돌조 교회 건축물을 건축하였다. 희소성과 함께 도심에서 오랜 기간 존재한 종교시설이어서 보존의 필요성이 상당해 서울미래유산으로 지정되었다. 예스러우면서도 세련된 느낌도 주는 멋진 건축물이었다. 그런데 이것은 시작에 불과했다. 정동길에는 100여 년의 역사를 간직한 역사문화적 가치의 건물이 즐비했기 때문이다.

배재학당역사박물관 (배재학당 동관)

평안교회를 조금 걸어오면 배재대학교의 현대적인 빌딩 틈에서 쉼터 역할을 하는 아펜젤러 공원이 넓게 펼쳐져 있다. 이 공원 모퉁이로 돌아가면 러시아대사관 후문이 보이는데, 이 지점이 바로 러시아대사

관 내 한양도성 성벽 유적지이다. 2002년 러시아대사관 신축시 한양도성 성곽 하단부 유구가 발견되었지만, 이 유구는 러시아대사관 내 담장으로 사용됨으로써 밖에서는 볼 수 없는 안타까운 현실이 되었다.

이제 안쪽으로 들어오면 비로소 붉은 벽돌 건물의 배재학당 동관(기념물 제16호)이 모습을 드러낸다. 1916년 준공되었으며, 현재 배재학당역사박물관으로 사용되고 있다.

아펜젤러 동상

배재학당은 1885년 미국 북감리회 선교사로 조선에 들어온 아펜젤러(Henry G. Appenzeller, 1858~1902)가 세운 우리나라 최초의 근대식 학교였다. 당시 고종은 서양의 선교사들이 조선에 들어올 때 서구의 교육과 의료에 힘써줄 것을 약속 받고 입국을 허락해주었다. 아펜젤러는 정동에 마련한 자신의 사택에서 두 명의 학생을 받았다. 서양 의학을 습득하기 위해 온 학생들에게 영어를 가르치면서 수업을 시작했는데, 이것이 배재학당으로 출발한 계기가 되었다. 1886년 고종은 '유용한 인재를 기르고 배우는 집'이라는 뜻으로 '배재학당(培材學堂)'이라는 이름을 지어 주었다. 초창기 배재학당은 미국 문물 교류의 통로로서 수많은 근대 지식인을 배출하였다. 초대 대통령 이승만 · 한글학자 주시경 · 시인 김소월 · 소설가 나도향 · 의학자 오긍선 등이 이 학교 출신이다.

그야말로 근대 역사가 살아 숨 쉬는 곳이었다. 건물 앞쪽으로는 설립자 아펜젤러를 기념하기 위한 커다란 동상도 있었는데, 이방인임에도 대한민국을 위해 헌신해 준 당신께 진심으로 감사드린다.

서울시립미술관 (구 대법원 청사)

발길을 잠깐 옆으로 돌려 서울시립미술관을 잠깐 둘러보자. 이곳은 1995년 대한민국 최고 사법기관인 대법원이 청사로 사용하다가 서초동으로 이전하자 2002년 리모델링을 거쳐 미술관으로 재탄생한 곳으로, 100여 년 동안 법원이 있었던 곳이다. 1899년 대한제국 최고 사법기관 평리원(한성재판소)이, 1928년 일제에 의해 새로 신축된 경성재판소가, 그리고 해방 후부터 1995년까지는 대법원이 있었다. 일제강점기 경성재판소에서는 독립운동가들이 사법적으로 고초를 겪었던 비극의 공간이기도 하다. 현재는 르네상스식 건물의 전면부만 보존하고 나머지 부분은 철거 후 새로 지어진 상태로, 2006년 등록문화재로 지정되었다. 서울시립미술관 숲길을 따라 내려오면 육영공원(근대적 공립교육기관), 독일영사관, 독립신문이 있었다는 표지석이 눈에 들어온다. 이 일대가 교육 및 외교에서 중요 지점이었음을 알려주는 듯하다.

전면부만 보존된 구 대법원 청사

정동제일교회

또 다른 입구인 배재학당역사박물관 앞에 '신교육의 발상지'라는 표지석이 보이고, 또 하나 등장하는 붉은 건물이 눈에 띈다. 아펜젤러가 설립한 정동제일교회(사적 제256호)이다.

정동제일교회는 고딕 양식의 붉은 벽돌 건물로 1895년에 착공하여 1897년에 완공하였다. 인근의 배재학당·이화학당과 더불어 개화기 미국 문물 도입의 통로 역할을 하였다. 언제 봐도 참 정겹고 호감이 가는 건물로, 정동의 랜드마크로 자리 잡고 있다. 요즘 교회 건축물이 화려하고 멋지긴 하지만, 정동제일교회의 멋짐에는 따라올 수가 없다고 생각된다. 역사와 전통이 배어 있기 때문일 것이다.

　27세의 미국인 선교사 아펜젤러는 처음부터 선교 활동을 할 수 없었다. 결국 1887년에 남대문 안 근처에 한옥 한 채를 구입하여 '벧엘예배당'이라고 명명하고 첫 예배를 드린 후 예배당을 정동 인근 한옥으로 이전했는데, 이것이 한국 최초의 감리교회 정동제일교회의 출발이었다. 이곳은 원래 시병원이 위치했던 자리인데, 1897년 빈 병원 건물을 헐고 그 자리에 고딕 양식의 붉은색 벽돌로 한국 개신교 최초의 서양식 예배당을 건립하였던 것이다.

　이 근처 근대 건축물의 공통점은 붉은색 벽돌 건물이라는 점을 손꼽을 수 있을 것이다. 국립정동극장, 덕수궁 중명전(사적 제124호), 신아기념관(등록문화재 제402호), 그리고 현재 이화박물관으로 사용하고 있는 심슨기념관(등록문화재 제3호) 등은 모두 붉은 벽돌을 재료로 건축되었다.

덕수궁 중명전

국립정동극장 옆의 작은 골목길로 들어가면 또 다른 붉은 벽돌에 회색 전벽
돌로 어우러진 건물을 만날 수 있다. 1899년에 황실 도서관 용도로 지어진
중명전(重明殿)이다. 원래 이름은 '수옥헌(漱玉軒)'이었다. 1904년 경운궁 대
화재 이후 고종의 집무실이자 외국사절 접견실로 사용되었고, 1905년 '을사
늑약'이 강제로 체결된 곳으로, 역사의 아픔이 깃든 장소이다. 현재는 을사늑
약 체결 당시의 상황을 재현한 전시장으로 활용하고 있다.

1906년 이후 중명전으로 이름을 바꾸었고, 1907년 고종은 을사늑약의 부당
함을 국제사회에 알리고자 헤이그 특사로 이준·이상설·이위종을 이곳 중
명전에서 파견하였다. 근대 역사의 가장 중요한 시기의 중요한 역사적 사건
들을 만날 수 있고, 현재 우리 역사의 길을 찾을 수 있는 중요한 공간이다.

중명전의 여름

신아기념관

1923년 전국에 재봉틀을 보급해 서양 복식 문화를 정착하는 데 크게 기여한 미국 싱거(Singer) 미싱사가 인수해 한국전쟁 직후까지 사옥으로 사용했던 이 붉은 벽돌 건물을 1967년 신아일보사가 매입해 신문사 건물로 사용하였다. 이 건물은 1920년대 중반 중국 상하이에서 가져온 붉은 벽돌로 지어진 지하 1층, 지상 2층 철근 콘크리트 구조 건물로, 구한말에는 덕수궁 궁역에 위치해 있었다. 구한말에는 독일인 외교 고문 묄렌도르프와 영국인 브라운 세무총사 등이 이곳에 머물렀고, 외교관들의 친목 모임 장소가 되면서 외교가에서는 '졸리 하우스(Jolly House: 즐거운 집)'라고 불렸다.

1975년에 3층과 4층을 증축하여 지금의 4층 건물이 되었다. 하지만 1980년 제5공화국이 들어서면서 언론기관 통폐합 조치가 내려지자 신아일보사는 경향신문사에 강제 통합되었다. 언론의 파수꾼 역할을 했던 정동의 역사적 장소이다. 현재는 지하층 한쪽 공간에 창업주 장기봉 사장과 신아일보사를 기억하기 위한 신아기념관이 조성되어 있다. 근대문화유산으로 인정받아 등록문화재로 지정되었다.

신아기념관 전경

이화여자고등학교 심슨기념관 (이화박물관)

이화여자고등학교 교내에 세워진 심슨기념관은 1915년에 준공된 옛 이화학당 교사(校舍)로 현재 이화박물관(등록문화재 제3호)으로 사용되고 있다. 이화학당은 1886년 미국 감리회 여선교사인 메리 스크랜튼(Mary B. Scranton , 1832~1909)이 창설한 한국 최초의 여성교육기관으로, 1887년 고종은 이화학당이라는 이름을 짓고 현판을 하사해주었다. 학교 경내에 유관순 열사가 빨래하던 우물 터와 '한국여성 신교육의 발상지' 기념비, 유관순 동상, 손탁호텔 터 표지석 등이 있다.

이 학교 졸업생 중 최근에 가장 돋보이는 분은 단연코 아카데미 여우조연상에 빛나는 윤여정 배우일 것이다. 당시 입구 건물에 게시된 현수막이 눈에 들어왔다. 과거부터 지금까지도 인재를 배출하는 멋진 학교라는 생각이 들었다. 이처럼 정동의 역사적인 빨간 벽돌 건물들은 유서 깊은 역사를 자랑했다.

손탁호텔 터 표지석

구 러시아공사관

러시아공사관(사적 제253호)은 1890년(고종 27)에 완공된 르네상스식 건물로, 언덕 위에 자리 잡은 정동의 상징적 건축물이다. 1895년 일본에 의해 명성황후가 시해당하는 을미사변이 일어난 이후 신변에 위협을 느끼던 고종이 1896년 2월 러시아공사관으로 피신해 1년간 머물렀다. 역사적 사건인 아관파천(俄館播遷)이다.

한국전쟁 중 건물 대부분이 파손되어 탑 부분만 남았다. 1973년 현재의 모습으로 정비했으며, 2007년과 2010년 두 차례에 걸쳐 보수하였다. 러시아공사관 터는 현재 정동공원으로 조성되어 있다.

당시 건물은 공사 중이었는데, 그 주변과 정동공원에 설치된 여러 조형물을 살펴볼 수 있을 뿐 아니라, 대한제국의 이야기를 담은 게시판이 설치되어 있어 여기에서 잠시 근대 역사의 시간 속으로 들어가보는 것도 한양도성 순성의 의미이리라. 아름다운 한양도성과 그 주변 광경을 보려고 시작한 한양도성 구간 순성이었는데, 자연스럽게 역사적인 지식이 꽤 늘어났다. 즉, 한양도성 순성을 꼭 해야 하는 이유가 또 한 가지 추가되었다. 근대 역사를 되새기며 내려가던 중 왼쪽으로 창덕여자중학교가 보였다.

구 러시아공사관

창덕여자중학교 담장

돈의문과 주변 성곽은 일제강점기 시구개수사업(1915) 과정에서 훼손되었는데, 창덕여자중학교 뒤쪽 담장 아래에 성벽의 일부가 남아 있다. 담장에는 '서대문 성벽의 옛 터'라는 안내문이 있고, 담장 아랫부분에는 19세기 초 순조 때 쌓은 성벽이 50미터 정도 이어져 있다.

창덕여자중학교 교내의 안내 표지판에는 2010년 창덕여중 교사 신축 공사를 위해 발굴조사를 실시한 결과 한양도성 성벽의 길이가 총 16.8미터로, 가로 100~120미터와 높이 60미터의 지대석 10개가 1열로 면을 맞추어 늘어서 있었다고 한다. 또한 운동장 곳곳에 조선시대 건물지와 배수로, 그리고 개화기 당시 존재했었던 프랑스공사관 지하층 구

창덕여자중학교 바깥 담장 아랫부분에 남은 성벽 흔적

창덕여자중학교 운동장에 세워진 프랑스공사관 터 표시판과 'RF1896' 표지석

조물이 발견되었다. 현재 이 자리에는 'RF1896'이라는 글자가 새겨진 옛 프랑스공사관 건물의 머릿돌이 남아 있다. 당시 붉은 벽돌 건물의 프렌치 르네상스 양식 건물로 세워진 프랑스공사관은 근대 개화기의 각국 공사관을 통틀어 가장 빼어난 외관으로 주목받았다. 아쉽게도 외부 방문객에게는 출입이 제한되어 있다.

정동길은 한 마디로 근대 역사가 살아 숨 쉬는 곳으로, 구석구석 주의 깊게 살펴보아야 근대 역사의 흔적을 느낄 수 있다. 심지어 캐나다 대사관 앞에 있는 보호수 나무조차 100년이 넘었다고 하는데, 마치 정동을 지키는 터줏대감처럼 오롯이 한 자리를 지키면서 정동의 역사를 증명하고 있는 듯하다.

캐나다대사관 앞 100여 년의 세월을 간직한 회화나무

돈의문 터, AR로 만나는 돈의문

정동길 끝자락에 다다르니 건너편에 오늘의 종착지인 돈의문 터, 돈의문 박물관마을이 눈에 들어왔다. 도성의 서대문인 돈의문(敦義門)은 태조 때 처음 세워졌으나, 1413년(태종 13)에 만들어진 서전문(西箭門)이 서대문의 기능을 대신하였다. 그 위치는 현재 정확히 알 수 없다. 1422년(세종 4)에 도성을 대대적으로 수축하면서 서전문을 닫고 새로운 돈의문을 세웠는데, 현재 돈의문 터가 그 위치다. 이후 돈의문은 새문 또는 신문(新門)으로도 불렸으며, 현재의 신문로(새문안로)라는 지명도 여기에서 유래한다.

1915년 일제는 서대문을 지나는 전차를 개통하면서 이 문을 해체하

돈의문 박물관마을 전경

AR로 구현한 돈의문 (서울시 소장)

여 건축 자재로 매각하였다. 소의문과 마찬가지로 지금은 볼 수 없는 돈의문이다. 돈의문 박물관마을에서 AR 체험으로 만날 수는 있다. 돈의문 박물관마을은 한양도성 성곽마을 '행촌권' 편에서 다시 안내하고자 한다.

　이 숭례문 구간에 대해 근대 역사 탐방을 목적으로 했다면, 더할 나위 없이 최고의 탐방길이라고 할 수 있었을 것이다. 하지만 한양도성의 흔적을 보기 원했던 목적을 가지고 구간 순성을 했던 입장에서는 한양도성의 흔적이 미미해서 안타까운 마음도 순간순간 들었다. 다만, 한양도성이 있던 자리에 근대 역사의 의미 있는 아름다운 건축물로 채워진 모습을 마음껏 볼 수 있었기에 다소 위안이 되었다. 한양도성 성벽, 국보, 사적, 등록문화재, 서울특별시 기념물, 서울미래유산, 보호수. 이 모두를 볼 수 있는 한양도성 숭례문 구간은 마치 종합선물 세트 같은 구간이라고 말하고 싶다.

한양도성 순성길
6코스 인왕산 구간

①	②	③	④	⑤	⑥
돈의문 터	월암근린공원	암문	범바위	인왕산 정상	부부소나무

⑦	⑧	⑨
숲속쉼터	윤동주문학관 시인의 언덕	창의문

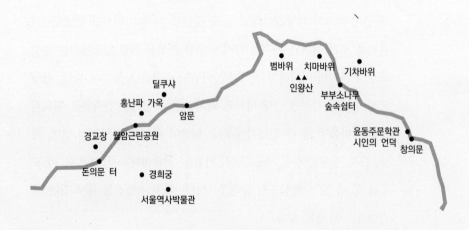

6코스

한양도성 순성길

― 인왕산 구간 ―

▌ 어느 지점에서나 환상적인 서울 도심의 경관을 볼 수 있는 곳이 바로 인왕산이다. 바위산, 예쁜 꽃, 푸르른 수목과 한양도성이 조화로운 곳이다. 드디어 한양도성 전 구간 순성 프로젝트의 마지막 구간인 인왕산 구간 순성을 마쳤다. 인왕산 구간은 생각보다 산세가 험했지만, 다른 어느 구간보다 생각 이상으로 아름다운 서울 도심의 경관을 바라볼 수 있는 구간이었다.

6코스

인왕산 구간은?

인왕산 구간은 돈의문 터에서 창의문까지 약 4킬로미터 구간이다. 해발 339미터인 인왕산은 풍수상 우백호(右白虎)에 해당한다. 높은 산세답게 거대한 바위들이 노출되어 있는 바위산이다. 치마바위 · 선바위 · 기차바위 등 기암괴석이 많기로 유명하다. 무학대사는 이 산을 주산으로 삼으면 불교가 융성할 것이라고 하여 인왕사(仁王寺)를 창건하였고, 여기에서 인왕산의 명칭이 전해진다고 한다. 1968년 1 · 21 사태 이후 민간인 출입이 통제되다가 1993년 부분적으로 개방되었다.

돈의문 터

시작점인 돈의문 터는 강북삼성병원 및 돈의문 박물관마을 일대이다. 경희궁과 서울역사박물관도 근처에 있어 행촌권 구간 탐방 때 좀 더 자세히 살펴볼 것이다. 지난 숭례문 구간 순성 때 마지막 지점이었기에 이제 갈 길이 먼 인왕산 정상을 향해 빠르게 걸음을 옮겼다.

월암근린공원 성벽

   돈의문 박물관마을에서 조금만 언덕 쪽으로 올라가면 월암근린공원이 나온다. 여기에는 근래에 조성한 한양도성 성벽이 있다. 옛 성돌과 최근 성돌이 어우러진 흔적을 찾아보는 재미가 너무 좋았다. 비교적 근래에 조성된 성벽을 지나니 베델의 집터 표지석과 홍난파 작품의 악보가 그려진 조형물이 보였다. 이제 월암근린공원을 통과한 뒤 골목길을 따라 올라가면 성벽이 보인다. 이 성벽길을 따라 계속 올라가니 한양도성 내부 순성길로 향하는 암문이 나왔다. 암문으로 들어가면 본격적인 인왕산 구간 순성이 시작되는 셈이다. 암문 밖 외부 순성길로 가다가 중간 지점에서 내부 순성길로 들어가는 방법도 있다.

인왕산 내부 순성길로 들어가는 암문

외부 순성길의 인왕산 각자성석

외부 순성길에서 바라본 성벽

외부 순성길에서 바라본 인왕산 선바위

인왕산 가는 길

발걸음을 내부 순성길로 옮겼다. 녹음과 성벽이 어우러진 순성길을 걸으니 기분이 굉장히 상쾌했다. 계단을 따라 오르고 나니 본격으로 인왕산 구간 순성이 시작되었다는 느낌을 받았다. 멋있는 바위산의 모습이 나를 반겨주었다. 뒤를 돌아보니 N서울타워가 저 멀리 눈에 들어왔는데, 서울의 랜드마크를 간직한 전경이 너무 멋졌다. 인왕산을 개인적으로 처음 올랐는데, 이렇게 아름다운 산인 줄도 처음 알았다.

아름다운 경관이 한눈에 들어왔는데, 그만큼 산세가 조금은 험했다. 가파른 계단이 계속 나와서 수시로 휴식을 취했다. 힘들었지만 멀리 보이는 도심의 모습이 아름다워 힘이 절로 났다. 그럼에도 이 바위산은 계속 힘들게 했다. 큰 바위 하나 넘을 때마다 여기가 정상이 아닌가 하는 착각을 하곤 했을 정도다.

인왕산 정상으로 향하는 내부 순성길

내부 순성길과 외부 순성길이 연결되는 중간 지점에서 바라본 남산

범바위 오르기

범바위에서의 도심 전경

오르기는 힘들었지만 그만큼 내려다보이는 경관은 산 정상에서 보일 법할 정도로 아름다웠다. 특히 범바위에서의 서울 도심이 파노라마처럼 펼쳐져 새로운 시각의 전경을 보여주었다. 이런 전경은 정상에서나 볼 수 있는 풍경이기 때문에 정상에 가까워진 줄 알았지만 정상까지는 아직도 더 올라야 했다. 바위를 또 넘고 나니 비로소 저 멀리 정상이 보였다. 치마바위가 있는 인왕산 정상의 풍경은 바로 겸재 정선의 〈인왕제색도〉의 배경이 되었는데, 이 그림은 1751년(영조 27)에 비 갠후의 인왕산을 그린 빼어난 진경산수화이다.

눈에 보이는 거리는 그리 멀지 않아 보였는데, 막상 걸어 보니 먼 거리였다. 정상까지 300미터라는 표지판을 분명 보았는데, 마치 3킬로미터를 더 걸었던 느낌이 들 정도로 힘들었다.

범바위에서 바라본 경복궁과 도심 전경

범바위에서 바라본 인왕산 정상

　　조선 개국 초기 한양을 도읍으로 정하면서 무학대사가 인왕산을 주산(主山)으로 삼아야 한다고 말했던 이유를 알 것 같았다. 인왕사(仁王寺)를 창건하고 인왕경을 독송하며 국가를 수호하겠다는 발원을 했을 무학대사의 원대한 포부가 저 멀리 보이는 지금의 서울 풍경으로 대신 말해주고 있는 느낌이다. 인왕산 둘레길에 무학대사가 지은 인왕사와 그를 기리는 국사당(國師堂)이 있으니, 연계하여 탐방하는 방법도 좋을 듯하다.

겸재 정선의 〈인왕제색도〉 (국립중앙박물관 소장)

범바위에서 내려와 정상으로 향하는 길

인왕산 정상을 향해 오르는 가파른 길

인왕산 정상

끝까지 험한 길을 걷는 가운데 가다 서다를 반복하다 보니 끝내 정상에 다다랐다. 역시 정상은 정상이었다. N서울타워와 제2롯데월드를 비롯하여 서울의 핫플레이스와 건물들이 한눈에 보였다. 오르기 전에는 정상 높이가 338미터라 하여 만만하게 봤는데, 절대 쉽게 생각할 수 없는 인왕산 구간이었다. 하지만 그와 비례해서 성취감을 느낄 수 있었다. 정상에 우뚝 선 삿갓바위에서는 기념사진을 찍는 사람들로 분산했다. 흔히 인왕산을 어머니의 품과 같다고 하는데, 모든 풍경을 포근하고 부드럽게 안아주는 것 같았다. 인왕산에서는 정상 및 특정 지점뿐만 아니라 모든 지점에서 아름다운 경관을 볼 수 있다.

인왕산 정상의 삿갓바위

인왕산 정상에서 바라본 백악산의 산줄기는 청와대와 경복궁을 지나 남산 정상으로 이어진다.

창의문 방면으로 하산

이제 한양도성 6개 구간 순성 완료를 향해 힘을 내서 하산을 시작했다. 창의문 방면으로 내려가는 가파른 계단이 바로 이어지고, 눈앞에 거대한 책바위가 등장한다. 책바위 너머로 능선 따라 성벽이 자유롭게 펼쳐져 있다. 이 길을 따라 오르면 능선의 꼭지점에서 두 갈래 길이 나온다. 옆쪽 계단으로 내려가면 기차바위로 내려가는 곳이다. 기차바위로 내려가는 시작 지점에 작은 난간이 있는데, 이곳에서는 북한산의 보현봉을 배경으로 부드럽게 펼쳐진 인왕산의 또 다른 풍경을 감상할 수 있다. 인왕산의 아름다움에 푹 빠져볼 수 있는 지점이니만큼 꼭 한 번 멈춰보기를 권해드린다.

인왕상 정상 바로 아래 책바위

인왕산 정상에서 바라본 성곽길

인왕산 기차바위와 그 뒤로 배경을 이루는 북한산

한양도성 부부소나무

　내려오는 사람들 모두 발걸음을 멈추는 곳에 '부부소나무'가 보였다. 뿌리는 다른데, 나뭇가지가 이어져 마치 한 나무처럼 보여 붙여진 이름이었다. 이러한 현상을 '연리지(連理枝)'라고 하는데, 한 나무가 죽어도 다른 나무에서 영양을 공급하여 살아나도록 한단다. 제주도의 비자림 숲에서도 연리지 나무를 볼 수 있는데, 이곳 부부소나무는 나무 밑둥에서 서로 연결되어 부부 일심동체(一心同體)처럼 영원한 사랑을 보여주고 있다.

서로 연결되어 있는 부부소나무

부부소나무가 있는 계단길과 숲속쉼터 안쪽으로 연결된 길

　　부부소나무가 있는 계단 길 아래에는 데크가 설치되어 있고, 여기 벤치에 앉아 잠깐 쉬어가기를 권한다. 그리고 그 안쪽 길로 들어가면 '숲속쉼터'가 비밀리에 숨어 있다. 이곳은 인왕산 구간이 개방되기 이전에 군인들의 초소로 사용되던 '인왕3분초'라는 곳이었는데, 리모델링을 거쳐 2021년 11월 시민들을 위한 휴식 공간으로 재탄생했다. '산멍'하기 좋은 곳으로 입소문이 난 곳으로 순성 중에 잠깐 방문해도 좋고, 인왕산 자락길에 위치한 '초소책방'과 연계하여 방문해도 좋은 코스다. 백악산과 도심 풍경이 유리 통창으로 파노라마처럼 펼쳐져 제대로 힐링할 수 있는 특별한 공간이니만큼 순성 중에 놓치지 말고 둘러볼 코스로 적극 추천한다.

● 숲속쉼터 둘러보기

백악산이 바라보이는 숲속쉼터

유리 통창을 통해 산멍하면서 책을 읽을 수 있는 내부 공간

초기 성곽의 모습

1806년(순조 6)에 성벽을 보수했다는 각자성석

숲속쉼터에서 다시 성곽길로 돌아와 만개한 예쁜 꽃들, 푸른 나무, 오래된 성벽의 흔적, 그리고 그 성벽에 새겨진 각자성석까지 보고 나니 인왕산 구간의 풍부한 볼거리에 감탄하게 된다. 성벽 사이로 보이는 목인박물관 목석원의 전경과 백악산 전경을 가장 가까이서 볼 수 있는 하산길이기에 쉬엄쉬엄 내려왔다.

인왕산 정상에서 내려오면서 바라본 목인박물관 목석원

인왕산 정상에서 내려오면서 바라본 백악산

윤동주문학관

드디어 산길이 끝나고 순성길의 끝이 보였다. 산을 내려와 도로를 건너 여러 조형물을 지나 윤동주문학관으로 향하는 이 길은 겸재 정선의 진경산수화길을 보여주는 곳이다. 인왕산을 배경으로 펼쳐진 도로의 풍경은 비록 아스팔트 차도로 변했어도 아름다움을 숨기지 않고 그 옛날의 길을 상상하게 한다.

윤동주문학관과 시인의 언덕은 한양도성 성곽마을 부암권 탐방 때 방문하기로 계획을 잡았기에 오늘은 그냥 지나쳤다. 다만 인왕산 등정으로 체력이 빠지고 목이 말라 건물 옥상에 있는 카페에 잠시 들러 목을 축였다. 그렇게 체력을 충전시킨 뒤 창의문으로 향했다.

인왕산을 배경으로 이어지는 진경산수화길

윤동주문학관

창의문

약 6개월 전 한겨울에 방문했던, 한양도성 백악 구간 순성 시작점이
었던 창의문에 다다랐다. 한여름에 들어서 6개 구간 순성의 마무리를
위해 다시 이곳을 찾았다. 한양도성 전 구간 순성 프로젝트를 이렇게
6개월 만에 완성했다.

인왕산 구간 시작 전, 돈의문 박물관마을에서 마지막 스탬프를 찍으
며 스탬프 투어를 완성했다. 백악 구간 말바위 안내소, 흥인지문과 숭
례문 초소에 이어 마지막 스탬프를 꾹 찍고 기념 배지를 수령했는데,

인왕산과 백악산을 이어주는 창의문

성취감으로 인한 뿌듯함은 말로 표현할 수 없다.

인왕산 구간은 생각 이상으로 산세가 험난했지만, 한양도성 구간 순성의 마지막 피날레에 어울리는 구간이었다. 인왕산에서는 정상뿐만 아니라 도입 길을 비롯해서 어디에서나 서울 도심의 아름다운 경관을 볼 수 있는 곳이라는 큰 매력을 가지고 있었다. 백악산의 험난한 산세와 낙산과 남산의 아름다운 경관의 장점을 모두 가지고 있는 곳이 바로 인왕산이다.

★ '한양도성 완주 인증서' 발급 후기
4곳의 인증샷과 스탬프 투어 완성

한양도성 완주 인증서 발급 A to Z

인증샷 남기기

- 지정 장소 : 청운대 표석, 낙산 정상, 목멱산 봉수대 터, 인왕산 정상
- 촬영 방법 : 본인 얼굴이 나오도록 촬영

1. 인왕산 정상 삿갓바위

인왕산 구간은 매우 아름다우나 오르기가 만만치 않다. 범바위로 오르는 계단길과 정상으로 향하는 계단길 등정이 힘들다. 이 지점에서 속도를 천천히 하고 충분히 쉬는 등 체력 안배를 해주시는 것이 좋다. 인증샷 지점은 정상의 삿갓바위에서 촬영하면 된다.

2. 백악산 '청운대' 표석

백악 구간은 초반 창의문안내소에서 백악마루까지의 계단길이 굉장히 고비다. 여기만 넘어가면 비교적 완만한 내려막길이니 도입부 계단길에서 천천히 걷고, 돌고래 및 백악 쉼터가 나오면 충분히 쉬어가기 바란다. 백악마루를 지나 좀 더 가면 휴식을 위한 벤치와 함께 빼어난 전경을 뒤로 하고 있는 청운대 표석을 만날 수 있다. 백악 구간은 긴 길이만큼 창의문·숙정문·혜화문 등 한양도성의 성문과 아름다운 경관을 볼 수 있는 구간이기도 하다.

3. '낙산 정상'(낙산공원 글귀)

낙산 및 흥인지문 구간은 가장 순성하기 편한 구간이다. 부담 없이 예쁜 성
벽 및 마을과 자연이 어우러진 주변의 경관을 즐기며 걸으면 된다. 낙산 정
상에 다다를 때 나오는 순성 바깥 길 방면의 '낙산공원' 글귀가 인증샷 지점
이다. 그 직전에 암문을 통해 안쪽 길로 들어왔다면 낙산 삼거리에서 왼쪽
성벽 부분으로 향해서 찾으면 된다. 포토존이 즐비한 낙산 구간에 이어 흥인
지문 구간에서는 흥인지문과 광희문, 이간수문 등 한양도성의 성문과 수문
까지 볼 수 있다.

4. 남산 봉수대

남산 구간은 계단길이 조금 힘들지만 백악 구간 및 인왕산 구간보다는 수월
하고, 숭례문 구간은 흥인지문 구간보다 더 번화한 도심의 길을 가로지르는
곳이다. 남산 구간 시작점인 힐링이 절로 되는 다산 성곽길을 지나 국립극장
을 통과한 후 남산공원으로 입장한 다음에는, 순성 완주가 목적인 만큼 둘레
길이 아닌 순성길인 동쪽 계단길로 오르면 된다. 계단을 다 오르면 서울 도
심이 훤히 보이며, 그 이후로는 정상까지 오르막길이긴 해도 걷기가 편한
길이다. 서울의 중심점이 남산 정상 부근에 있으니 확인해 보고, 정상에서
충분히 경관을 즐기시라. 남산타워와 팔각정, 사랑의 자물쇠 지점을 지나면
봉수대가 곧 보인다. 인증샷을 찍고 왼쪽·오른쪽의 아름다운 도심 풍경을
보면서 계단길을 내려오면, 최근에 개관한 한양도성유적전시관에 다다른다.
이곳이 완주 인증서 수령 장소이기도 하니 잘 기억해 두자. 그다음 숭례문
구간 순성길에서는 서울의 랜드마크인 국보 숭례문과 일부 조성된 한양도성
성벽, 그리고 소의문 표석을 확인하면 된다.

스탬프 투어

- 지정 장소 : 말바위 안내소, 흥인지문 관리소, 숭례문 초소, 돈의문 박물관마을 (마을안내소)
- 스탬프 투어는 지정된 4곳의 장소에서 스탬프를 찍는 것을 말한다.

1. 돈의문 박물관마을 (마을안내소)

지하철 5호선 서대문역 인근에 있는 돈의문 박물관마을 안내소는 인왕산 구간의 시작점이자 숭례문 구간의 종착지이다.

2. 말바위 안내소

백악 구간 숙정문 근거리에 있는 말바위안내소에서는 스탬프 찍는 것을 잊어서는 안 된다. 유일하게 산 위에 있어 다시 방문하기 힘든 점을 감안하면 말이다. 출입 시간에도 제한이 있으니 꼭 개방 시간도 알아보고 가는 등 사전에 준비를 철저히 해야 한다.
(3월~4월) 오전 7시~오후 4시, (5월~8월) 오전 7시~오후 5시
(9월~10월) 오전 7시~오후 4시, (11월~2월) 오전 9시~오후 3시

3. 흥인지문 관리소

흥인지문 왼쪽에 스탬프함이 있다. 지하철역으로는 1호선 동대문역이 가장 가까운데, 접근성이 좋은 곳이다.

4. 숭례문 초소 부근

숭례문 바깥 입구에서 안으로의 통과가 아닌 오른쪽으로 향해야 스탬프함을 발견할 수 있다. 월요일은 비개방이다.
(2월~5월) 오전 9시~오후 6시, (6월~8월) 오전 9시~오후 6시 30분
(9월~10월) 오전 9시~오후 6시, (11월~1월) 오전 9시~오후 5시 30분

인증서 발급받기

1. 서울시공공예약시스템 예약

   예약시스템에서 '한양도성'이라고 검색하면 예약 화면이 뜬다.

   예약 일시 지정 → 이용자 정보 입력(인증샷 사진 첨부) → 동의 체크 순으로 진행하면 된다. 여기서 인증샷 사진을 업로드 해야 하는데, 못 했을 경우 현장에서 직원에게 보여주어도 된다.

2. 완주 인증서 수령 (한양도성유적전시관)

   완주 인증서 수령 예약을 마쳤다면, 예약한 일시에 한양도성유적전시관에서 받아 가면 된다. 전시관 안내센터로 가서 예약자 이름을 말하면, 스탬프 투어 지도 확인 후 완주 인증서를 받을 수 있다.

   한양도성기자단 활동이 마무리되어 가는 시점에서 스탬프 투어, 한양도성문화제 참여, 한양도성 전 구간 순성 및 성곽마을 탐방을 모두 마치고 완료 인증서 발급까지 받으니 화룡점정을 찍은 기분이 들었다. 하루에 완주하기는 힘들지만, 여유 있을 때 한 개 구간씩 순성한다면 그리 어렵지 않게 완주가 가능할 것이다. 한양도성길을 걸으며 아름다운 풍경을 감상하며 힐링의 시간도 갖고 완주 인증서도 받기 바란다.

한양도성 성곽마을
1코스 성북권

①	②	③	④	⑤	⑥
성북초등학교	북정마을	비둘기공원	심우장	만해 한용운 동상 시비석	이종석 별장

⑦	⑧	⑨	⑩	⑪	⑫
한국순교복자 성직수도회	거리갤러리	간송미술관	성북역사문화센터	선잠박물관	선잠단지

⑭
최순우 옛집

- 북정마을 가는 법
  지하철 4호선 한성대입구역 6번 출구 → 마을버스 3번 → 수퍼앞 하차(심우장) → 노인정 하차(북정마을)

- 간송미술관 가는 법
  지하철 4호선 한성대입구역 6번 출구 → 마을버스 3번 → 성북초등학교
  (매주 월요일 휴관, 관람 시간 : 오전 10시 ~ 오후 6시)

- 선잠박물관 가는 법
  지하철 4호선 한성대입구역 6번 출구 → 마을버스 2번, 마을버스 3번
  (매주 월요일 휴관, 관람 시간 : 오전 10시 ~ 오후 6시)

- 최순우 옛집 가는 법
  지하철 4호선 한성대입구역 6번 출구 → 마을버스 2번
  (매주 일요일과 월요일 휴관, 관람 시간 : 오전 10시 ~ 오후 4시)

1코스

한양도성 성곽마을

─ 성북권 ─

▎조선시대에는 한양도성을 포함한 그 주변 일대는 경작이나 주거 시설, 매장 등이 엄격히 금지되어 있었다. 그 덕분에 푸르른 자연 경관을 유지할 수 있었는데, 일제강점기를 거쳐 해방 이후 근현대로 넘어오면서 훼손이 시작되었다. 농촌을 떠나 도시로 온 사람들이 머물 곳을 찾다가 성곽 주변에 터를 잡으면서 도시가 팽창하기 시작하자 성곽 일대에도 변화가 일어난 것이다. 이는 오늘날 북정마을, 이화·충신마을, 장수마을, 부암동과 행촌동 일대에 성곽마을이 형성된 배경이 되었다. 이들 한양도성과 인접하여 형성된 이들 마을을 성곽마을이라고 한다.

1코스 성북권 성곽마을은?

먼저 백악 구간과 인접한 성곽마을 성북권을 탐방했다. 한양도성의 북쪽에 있다 해서 성북구로 이름 지어진 곳이며, 서울시는 2013년 성북구를 처음으로 역사문화지구로 지정했다. 이 구간을 대표하는 성곽마을로는 북정마을이 있다. 이곳은 사람들이 북적북적하다 해서 북적마을로 불리다가 북정마을로 부르기 시작했다. 서울에 몇 안 되는 달동네로, 1970년대 모습을 그대로 갖추고 있어 도시 변화의 모습을 비교해서 살펴볼 수 있는 곳이다. 이번 탐방은 성북초등학교 부근 한양도성 성곽길을 시작으로 암문을 통해 북정마을을 둘러본 뒤 문화재 향기 그윽한 심우장과 선잠박물관, 최순우 옛집까지 내려오면서 중간중간 주변 명소를 둘러보는 식으로 진행했다.

북정마을 노인정에서 바라본 성곽

한양도성 백악 구간 성벽길

한양도성 백악 구간은 창의문에서부터 혜화문까지다. 하지만 사실상의 종착지는 성벽이 끊기는 곳인 성북초등학교 인근 지역이라 할 수 있다. 최근에 성벽이 끊긴 이곳 뒤편으로 성북역사문화공원이 조성되어 여행자들의 쉼터 역할을 하고 있다. 이날 탐방 시작 지역을 바로 이곳으로 하여 백악 구간 성벽길을 역으로 해서 북정마을로 이어지는 암문까지 올라갔다. 오르막길이라 조금은 힘든 감도 있었지만, 주변 공기와 풍경이 워낙 좋기도 했고, 금세 목적지 암문이 나와서 전혀 부담스럽지 않은 길이었다. 암문의 반대편 길은 와룡공원 탐방길이고, 암문 통과 길은 북정마을로 향하는 길이다. 예정대로 암문을 통과해 북정마을로 들어갔다.

혜화문 쪽에서 오르는 한양도성 백악 구간 시작 지점으로 성북초등학교 인근에 위치한다. 최근 성벽 뒤쪽 주변으로 성북역사문화공원이 조성되었다.

백악 구간 성벽길 암문을 통해 북정마을로 들어갈 수 있다.

백악 구간에서 성북동 북정마을로 내려가는 길

한양도성 북정마을

조선시대 영조 44년(1768)부터 콩을 쑤어 메주로 만들어 궁에 받쳤는데, 메주를 쑤기 위해 모여든 사람들의 모습이 북적북적하다고 해서 북적마을이라 이름 지어졌고, 후에 북정마을이라 불렀다. 1960, 70년대 모습을 간직한 집들이 다닥다닥 붙어 있는 북정마을은 서울에 얼마 남아 있는 않은 달동네이다. 만해 한용운이 살았던 심우장과 이어지고 혜화·명륜 성곽마을과 암문을 통해 연결된 마을로, 오랜 세월 거주한 주민들과 우물, 나무 전봇대 등이 남아 있어 정겨운 고향 마을의 정취가 느껴진다. 북사모(북정마을을 사랑하는 사람들의 모임)를 중심으로 월월축제, 산신제 등 마을의 안녕을 기원하는 풍습이 이어지고 있다.

북정마을을 걷는 순간 드는 첫 느낌은 외관은 낙후되었지만, 따뜻하

북정마을 골목길

고 정겹다는 것이었다. 마을 지도 속 마을은 타원형의 모습이었다. 그래서 어느 길로 가도 상관없었지만, 왼쪽 길을 오르며 심우장 방면으로 걸어 나갔다. 여긴 정말 마을 한복판인 만큼 이곳을 탐방할 때는 거주민들께 피해가 가지 않도록 각별히 신경을 써주어야겠다.

좁은 골목길을 걷다 보니 타일 그림이 돋보이는 공용 화장실과 북정 노인정이 보였다. 이곳에서 바라본 성벽의 모습이 멋졌다. 다만 어르신들 몇 분께서 이곳에서 한가로이 쉬고 계셔서 방해가 되지 않기 위해 얼른 자리를 떴다. 그리고 심우장으로 향하는 내리막길을 내려갔다.

성북동 비둘기공원

몇 계단 내려갔더니 성북동 비둘기공원이 오른쪽에 보였다. 공원이라기에는 공간이 넓지 않았고, 쉼터의 느낌이 났다. 실제로 쉼터라고도 했다. 무엇보다도 성북동 하면 어린 시절 학교 교과서에서 배웠던 김광규(1905~1977) 시인의 〈성북동 비둘기〉라는 시가 가장 먼저 떠오른다. 1968년 발표된 이 시는 당시 도시화에 의해 무분별한 개발로 파괴되어 가는 자연과 잔혹한 현대문명을 비판함으로써 널리 회자되었다. 이 공원 역시 이 시에서 착안하여 비둘기 쉼터라는 이름으로 2009년에 조성하였는데, 잠깐 쉬면서 싯구절을 음미해 보면 좋을 것 같다. 볼거리와 쉼터의 제공, 그리고 의미도 담긴 곳이다. 쉼을 마치고 성북동의 심장과도 같은 심우장을 향해 발걸음을 옮겼다.

비둘기공원

성북동 비둘기

성북동 산에 번지가 새로 생기면서
본래 살던 성북동 비둘기만이 번지가 없어졌다
새벽부터 돌 깨는 산울림에 떨다가
가슴에 금이 갔다
그래도 성북동 비둘기는
하느님의 광장 같은 새파란 아침 하늘에
성북동 주민에게 축복의 메시지나 전하듯
성북동 하늘을 한 바퀴 휘 돈다

성북동 메마른 골짜기에는
조용히 앉아 콩알 하나 찍어먹을
널찍한 마당은커녕 가는 데마다
채석장 포성이 메아리쳐서
피난하듯 지붕에 올라앉아
아침 구공탄 굴뚝 연기에서 향수를 느끼다가
산 1번지 채석장에 도루 가서
금방 따낸 돌 온기에 입을 닦는다

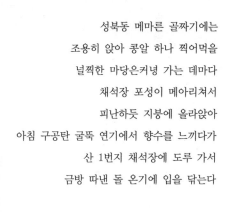

예전에는 사람을 성자처럼 보고
사람 가까이
사람과 같이 사랑하고
사람과 같이 평화를 즐기던
사랑과 평화의 새 비둘기는
이제 산도 잃고 사람도 잃고
사랑과 평화의 사상까지
낳지 못하는 쫓기는 신세가 되었다

비둘기 공원 입구의 계단길

심우장 입구

심우장

　일제강점기인 1933년에 지은 만해(萬海) 한용운(1879~1944)의 유택인 심우장(尋牛莊)은 남향을 선호하는 한옥에서는 흔히 볼 수 없는 북향집인데, 독립운동가였던 그가 남향으로 터를 잡으면 조선총독부와 마주보게 되므로 이를 거부하고 반대편 산비탈의 북향 터를 선택했다고 한다. 이처럼 일제에 저항하는 삶으로 일관했던 한용운은 끝내 조국의 광복을 보지 못하고 1944년 이곳에서 생애를 마쳤다.

　'심우장'이란 그대로 직역하면 '소를 찾는 집'이라는 뜻이다. 불교에서 소는 마음을 상징한다고 하니 '마음을 찾는 집'이라고 할 수 있다. 선종(禪宗)에서는 '깨달음'의 경지에 이르는 열 가지 수행 단계를 잃어버린 소를 찾는 것에 비유하여 심우(尋牛)라고 하는데, 그중 하나인

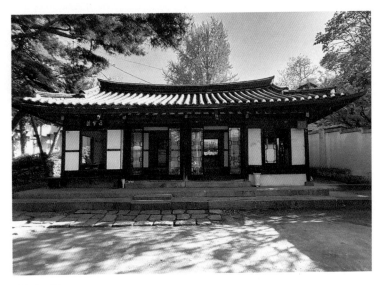

심우장 전경

만해 한용운이 기거하던 방

'자신의 본성인 소를 찾는다'에서 유래한 것이다. 왼쪽에 걸린 현판은 함께 독립운동을 했던 서예가 오세창(1864~1953)이 쓴 것이다.

오세창이 쓴 심우장 현판

정면 4칸, 측면 2칸 규모의 장방형 평면에 팔작지붕을 올린 민도리 소로수장집으로, 한용운이 쓰던 방에는 그의 글씨, 연구논문집, 옥중 공판 기록 등이 그대로 보존되어 있다. 만해가 죽은 뒤에도 외동딸 한영숙이 살았는데, 일본대사관저가 이곳 건너편에 자리 잡자 명륜동으로 이사한 후 심우장은 만해의 사상연구소로 사용되었다. 1985년 7월 5일 서울특별시 기념물 제7호로 지정되었다가 2019년 4월 8일 사적 제550호로 승격되었다.

● 심우장 둘러보기

온돌방에서 바라본 풍경

굴뚝

부엌과 뒤쪽의 찬마루방

만해 한용운 동상과 시비석

3·1운동 때 민족대표 33인 중 한 명인 한용운 선생을 기념하는 공간으로, 한용운 선생 동상과 〈님의 침묵〉 시비석이 전시되어 있었다. 〈님의 침묵〉의 첫 구절처럼 한용운 선생은 떠났지만, 우리는 그를 보내지 않았다. 빼앗긴 조국의 독립을 염원했던 그의 절절한 마음을 느끼게 되는 곳이다. 이곳 앞으로 약 2킬로미터 거리에는 좌우에 명소가 즐비해 있다. 길 따라 내려가면 덕수교회 내에 이종석 별장이 있고, 건너편 성북구립미술관 옆에는 이태준 가옥인 수연산방이 있으며, 선잠단지 건너편 골목에 최순우 옛집이 자리 잡고 있다. 또한 염상섭, 조지훈, 윤이상 등 문화예술인들의 향기가 묻어나는 삶의 터전들이 숨어 있다,

만해 한용운 동상과 〈님의 침묵〉 시비

님의 침묵

님은 갔습니다.
아아, 사랑하는 나의 님은 갔습니다.
푸른 산빛을 깨치고
단풍나무 숲을 향하여 난 작은 길을 걸어서,
차마 떨치고 갔습니다.
황금의 꽃같이 굳고 빛나던 옛 맹세는
차디찬 티끌이 되어서 한숨의 미풍에 날아갔습니다.

날카로운 첫 키스의 추억은 나의 운명의 지침을 돌려놓고,
뒷걸음쳐서 사라졌습니다.
나는 향기로운 님의 말소리에 귀먹고,
꽃다운 님의 얼굴에 눈멀었습니다.
사랑도 사람의 일이라, 만날 때에 미리 떠날 것을
염려하고 경계하지 아니한 것은 아니지만,
이별은 뜻밖의 일이 되고,
놀란 가슴은 새로운 슬픔에 터집니다.

그러나 이별을 쓸데없는 눈물의 원천을 만들고 마는 것은
스스로 사랑을 깨치는 것인 줄 아는 까닭에,
걷잡을 수 없는 슬픔의 힘을 옮겨서
새 희망의 정수박이에 들어부었습니다.

우리는 만날 때에 떠날 것을 염려하는 것과 같이
떠날 때에 다시 만날 것을 믿습니다.
아아, 님은 갔지마는 나는 님을 보내지 아니하였습니다.
제 곡조를 못 이기는 사랑의 노래는 님의 침묵을 휩싸고 돕니다.

이태준 가옥 (수연산방)

길을 건너 성북구립미술관 길로 올라가면 상허 이태준이 1933년부터 1946년까지 살면서 많은 문학 작품을 집필한 '수연산방(壽硯山房)'이 나온다. 현재 이곳은 전통 찻집으로 운영되고 있다. 건물 중앙의 대청을 중심으로 왼쪽에 건넌방, 오른쪽에 안방을 둔 T자형 구조이며, 안방 앞쪽에는 누마루를 두고 그 뒤편에는 부엌과 화장실을 두어서 아담

성북구립미술관

하지만 공간 활용이 돋보이는 집의 형태를 보여준다. 이태준은 이곳에서 《달밤》, 《황진이》, 《왕자 호동》 등 주옥 같은 단편문학을 집필하면서 이상·박태원·정지용·김기림 등과 함께 구인회 동인으로 활동했다.

이종석 별장

성북동의 명소 중 한 곳인 이곳은 1900년대 지은 것으로 추정되는데, 조선 말기 마포강에서 젓갈장사로 부자가 된 조선의 부호이자 보인학원 설립자인 이종석(1875~1952)의 별장이었다. 안채와 그에 부속된 행랑채로 구성되어 있고, ㄱ자형 안채의 오른쪽 누마루에는 '일관정(日觀亭)'이라는 편액이 걸려 있다. 이곳에서 이태준·정지용·이효석·이은상 등 문인들이 모여 문학 활동을 했다고 전해진다. 개화기 개량 한옥으로 넘어가는 양식이 독특하여 1977년 서울시 민속문화재로 지정되었다. 현재는 덕수교회 소유로, 덕수교회 내에 위치하고 있다. 화요일에서 일요일, 오전 10시에서 오후 5시까지 개방하고 있다.

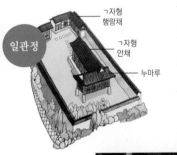

일관정
ㄱ자형 행랑채
ㄱ자형 안채
누마루

안채와 누마루에서 덕수교회가 보이는 풍경

한국순교복자성직수도회 구 본원 피정의 집

이곳은 1953년에 설립된 한국 가톨릭 최초의 내국인 남자 수도회인 '한국순교복자성직수도회' 본원으로 피정의 집이다. 방유룡 신부가 설계하여 1959년에 완공한 이 건물은 역사적·종교적 가치가 큰 것으로 평가받아 등록문화재 제655호로 지정되었다. 외벽의 성인상 부조는 조각가 강홍도(1922~1992)의 작품으로 원본은 수장고에 보관 중이며, 한국 최초의 순교자 성인상으로 알려져 있다.

건물로 이어지는 복자교 다리는 성북구립미술관에서 '거리갤러리'로 꾸민 열린 전시장으로, 2018년 건축가 조성룡이 이 일대에 오래된 석축과 옛 물길을 살려 아름다운 문화예술 공간을 설계했다.

한국순교복자성직수도회 본원   거리갤러리에서 바라본 전경

간송미술관

간송 전형필이 설립한 우리나라 최초의 사립미술관이다. 한국 최초의 근대 건축가 박길룡이 설계했고, 1938년 완공되었다. 당시에는 '보화각(葆華閣)'이라고 불렸고, 간송 전형필 사후 '간송미술관'으로 개칭하였다. 네모반듯한 모더니즘 양식의 하얀 건물이 인상 깊었다.

간송 전형필은 일제강점기에 우리의 문화재가 일본으로 넘어가는 것을 막기 위해 개인의 전 재산을 쓰고 일생을 바친 문화유산지킴이이자 역사상으로도 유명한 미술품 수집가이다. 간송미술관에는 한국전쟁의 피난길에서도 지켜낸 훈민정음 해례본, 고려청자, 조선백자, 추사 김정희의 예서, 겸재 정선의 산수화, 김홍도와 신윤복의 풍속화 등이 소장되어 있다.

리모델링 중인 간송미술관

성북역사문화센터

성북초등학교 건너편의 성북역사문화센터는 오늘의 성벽길 시작점에서도 바로 인근에 위치해 있다. 최근 완공 건물답게 내부가 매우 정갈했다. 1층에는 성북동과 명소에 관련한 설명, 성북동 마을 지도 등 각종 지도와 안내문이 비치되어 있다. 특히 지도가 잘 구비되어 있어 성북구 여행에 많은 도움을 줄 것이다. 2층에는 성북동 관련 인물들의 책자들이 전시되어 있다. 유리 통창 너머 테라스에서는 백악 구간 한양도성 성벽과 성북역사문화공원 전망을 볼 수 있었다. 여행자들의 쉼터 같은 곳으로, 성북동 성곽마을 탐방을 시작하는 분이라면 가장 먼저 이곳에 들러서 자료들을 살펴보기를 권한다.

성북역사문화센터

최근에 조성된 성북역사문화공원

선잠박물관 앞에서 바라본 성북역사문화센터와 성벽길

선잠박물관과 하늘정원

성북초등학교 인근에 있는 선잠박물관에 천원의 입장료를 내고 입장했다. 1층 전시실에서는 선잠단의 옛 기록과 일제강점기를 지나 훼손된 모습, 복원의 현장까지 선잠단에 대한 역사를 담고 있다. 2층 전시실에서는 선잠단에서의 선잠제 거행 모습, 친잠례의 모습을 모형으로 재현하였고, 선잠제의 진행 과정을 3D 영상으로 볼 수 있다. 3층 전시실

선잠박물관

은 개방형 수장고 및 특별전시실로, 양잠과 직조 등에 사용된 도구들을 직접 볼 수 있으며, 왕실 비단 창고를 조성하여 금(錦)·사(紗)·라(羅)·단(緞) 등 다양한 비단을 체험할 수 있는 공간이다. 쉼터인 옥상 하늘정원에서는 한양도성과 성북동 전경을 볼 수가 있다.

하늘정원에서 성벽 바라보기

선잠단지

선잠박물관을 나온 뒤 인근에 위치한 선잠단지도 직접 둘러보았다. 사적 제83호 선잠단지는 조선시대 서릉씨를 양잠의 신(蠶神)으로 모시

복원된 선잠단지

고 제사를 지냈던 곳이다. 우리 조상들이 의생활에 대해 얼마나 중요하게 인식했는지를 보여주는 상징적인 장소다. 태종 때 도성 인근에 세워진 선잠단은 조선 왕조부터 지금까지 같은 자리를 지키고 있다. 주택가와 도로변에 복원된 모습이 선계와 속계를 나누는 듯 낯선 풍경처럼 다가왔다.

선잠단지

최순우 옛집

선잠단지에서 길을 건너 골목으로 들어가니 최순우 옛집이 눈에 들어왔다. 혜곡 최순우는 제4대 국립박물관장이자 《무량수전 배흘림기둥에 기대서서》라는 책의 저자이다. 간송 전형필과 특별히 교류하며 간송에게서 이름 '순우'와 호 '혜곡'을 받았다고 한다. 미술사학자로 평생 박물관에서 살며 한국의 미를 일깨우며 살았던 최순우 선생. 그의 정갈한 삶의 발자취를 따라가는 옛집으로의 탐방이었다.

1930년대에 지어져 국가등록문화재 제268호로 지정된 최순우 옛집은 골목 한복판에 있는데도 자연을 품고 있었다. 1976년 박물관장을 그만두고 1984년까지 머물던 집이다. 타인의 집구경만큼 재미있고 호기심 있는 일이 또 있을까. 집은 그 사람의 삶의 흔적을 남겨 놓기에 단순히 공간 이상의 공간이다. 집 바깥에서는 이런 집이 있으리라고는 전혀 상상이 되지 않는 곳이었다. 집 앞마당과 뒷마당의 작은 나무와 풀들과 그 자연 속에 어우러진 석상들이 조용히 말을 걸어오는 듯했다.

2004년 시민문화유산 1호로 개관하였다. 12월에서 3월까지는 휴관이며, 4월에서 11월까지 오전 10시부터 오후 4시까지 개관한다. 단, 월요일은 휴관이다.

최순우 옛집 입구

● 최순우 옛집 둘러보기

노란색 해당화와 모란, 그리고 연지가 있는 봄날 앞마당 풍경

● 최순우 옛집 둘러보기

비움의 미학이 극대화된 공간

사랑방

자목련이 핀 뒷마당

석물

연지

한양도성 성곽마을
2코스 이화 · 충신권

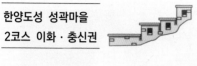

①	②	③	④	⑤	⑥
흥인지문	흥인지문 공원 한양도성박물관	낙산 성곽길	충신 골목길	33단 오르막 계단	이화마을

⑦	⑧	⑨	⑩	⑪
이화마을박물관	낙산공원	대학로 방면 숲길	달팽이길	굴다리

- **흥인지문 가는 법**
  지하철 1호선 동대문역(6번 출구), 4호선 동대문역(7번 출구)

- **흥인지문 공원(한양도성박물관) 가는 법**
  지하철 1호선 동대문역(1번 출구), 4호선 동대문역(10번 출구) → 도보 5분 → 흥인지문 공원

- **충신 골목길 가는 법**
  지하철 1호선 동대문역(1번 출구), 4호선 동대문역(10번 출구) → 충신동 암문

- **이화마을 가는 법**
  지하철 1호선 동대문역(1번 출구), 4호선 동대문역(10번 출구) → 이화마을 → 낙산공원
  지하철 4호선 혜화역(2번 출구) → 도보 15분 → 낙산공원 → 이화마을

- **한양도성 혜화동 전시 · 안내센터 가는 법**
  지하철 4호선 한성대입구역(5번 출구) → 도보 5분
  (매주 월요일 휴관, 관람 시간 : 오전 9시 ~ 오후 6시)

2코스

한양도성 성곽마을

― 이화 · 충신권 ―

▌한양도성 중 가장 많이 찾은 구간이 낙산 구간이다. 낙산 구간의 매력은 끝이 없다. 그 다채로운 큰 매력 중 하나는 이화·충신 성곽 마을이 바로 인접해 있다는 것이다. 고즈넉하고 정겨운 골목길을 걷고 싶을 때 있지 않은가. 게다가 뜨거운 태양볕 아래서 성곽길만을 따라 걷는 것보다 그늘진 골목길을 걷는 것이 더 편하기도 한 곳이 이곳이다. 한양도성 성곽길과 골목길을 넘나들며 걸을 수 있는 곳. 화려함과 소박함을 함께 느낄 수 있는 힐링의 탐방길. 한양도성 성곽마을 이화·충신권이다.

2코스 　이화·충신권 성곽마을은?

한양도성 동쪽 내사산인 낙산에 위치한 이화·충신권에는 이화 및 충신 성곽마을이 있다. 국민주택단지, 봉제공장 창고 등 주민들의 생활사가 고스란히 남아 있는 권역으로 이화마을에는 많은 마을 박물관과 갤러리가 있고, 벽화마을로도 유명해서 많은 관광객이 찾아오는 유명한 곳이다. 2006년부터 공공미술추진위원회가 결성되어 마을 주민과 예술인들이 함께하여 벽화마을을 조성했다. 조선시대 이화동은 양반들이 풍류를 즐기던 5대 명소 중의 하나였다고 한다. 5개의 루트에서 이화마을로 들어올 수 있는데, 곳곳에서 다양한 벽화와 조형물을 만나는 재미가 있다.

대학로와 가까운 충신권 성곽마을에는 연극인들을 위한 앵커시설이 지어졌고, 주민들의 활발한 활동이 일어나고 있는 곳이다.

낙산 성곽길

흥인지문 방면의 낙산 성곽 언덕길을 오르며 탐방을 시작하였다. 언제 올라도 아름다운, 전통과 현대가 절묘하게 어우러진 멋진 풍경을 자랑하는 지점이다. 낙산 성곽길 중심으로 보면 성곽 안쪽으로 이화마을이 있고, 성곽 바깥쪽으로 장수마을과 창신동이 위치해 있다. 언덕 위 한양도성박물관 쪽 골목길로 걸어 나갔다.

충신 골목길

흥인지문에서 낙산 성곽을 중심으로 바라보면 동쪽으로 보이는 곳이 창신동이고, 서쪽이 충신동이다. 흔히 산동네라고 하는 개발이 덜 된 지역들이다. 이 지역들은 도시재생 사업의 일환으로 가꾸어졌는데, 높은 지대에 구불구불 길들이 이어지고 오르막 계단도 흔하다. 충신 골목길로 들어서는 방향만 위로 잡은 채 지그재그로 그냥 발걸음이 가는 대로 쭉 걸었다. 한적하고 고요한 골목을 홀로 걸으니 마음이 치유되는 느낌이 들었다. 계단길로도 평지길로도 걸었다. 골목길에서 성곽길로, 그리고 다시 골목길로 걸었다.

충신동 골목길

이화마을

충신동 계단을 오르니 낙산 성곽길이 나왔다. 낙산 성곽길 왼쪽 골목으로 빠지면 이화벽화마을로 연결된다. 골목을 들어서자 입구에 전통 복장을 한 센스 있는 설치물이 보이고, 이내 다양한 벽화들이 눈길을 사로잡았다. 벌써 세 번째로 보는 모습들인데, 각기 다른 계절 시간대에 보니 색다른 느낌이었다.

걷다 보니 내가 가장 좋아하는 아기자기한 상점, 박물관, 갤러리가 연이어 있는 오르막 골목이 나왔다. 그리고 그 오르막 끝에서 남산타워로 내려다보이는 광경은 그야말로 장관이었다. 왼쪽에는 동숭동 방면의 광경, 그리고 좀 더 지나 오른쪽 성곽 너머에는 창신동 방면의 광경을 볼 수가 있다.

이화동벽화마을 입구의 조형물

이화벽화마을의 하늘정원길

낙산공원과 숲속 하산길

이날은 날도 좋고 시간적으로 모처럼 여유도 있어 낙산공원까지 올라갔는데, 구름이 아주 멋들어진 날이었다. 항상 올랐던 낙산 정상은 오르지 않았고, 역시 늘 가던 길이 아닌 평소 가지 않았던 대학로 방면의 숲길로 내려왔다. 그야말로 힐링의 숲길로, 그저 걷는 것만으로 참 행복했다. 다비드 르 브르통은 《걷기예찬》에서 "걷는다는 것은 대개 한곳에 집중하기 위하여 에돌아가는 것을 뜻한다"라고 한 말이 귓가를 맴돌았다.

대학로 방면 낙산공원으로 내려오다 보면 만날 수 있는 '신사와 강아지'

달팽이길과 굴다리

숲길이 끝나고 다시 이화마을길로 접어들었다. 이번에는 자주 갔던 계단 지점이 아닌 달팽이길에서 굴다리 방면으로 향했다. 마을 어르신들이 골목 어귀에서 쉬고 계시는 모습이 정겨웠다. 예전엔 날개 벽화가 진부하고 재미없다고 느껴졌었는데, 이날은 희망의 느낌을 받을 수 있어 좋았다.

정면의 막다른 길과 함께 마침내 굴다리가 나왔다. 굴다리 아래에도 벽화가 있어, 걷는 재미뿐 아니라 보는 재미도 있었다. 미싱을 돌리는 아낙네는 지역 주민의 삶을 보여주는 그림이다. 특히 타일에 그린 어린이들의 작품이 보였는데, 그 날짜가 2006년 11월이었다. 즉, 이 작품의

달팽이길과 굴다리

주인공들이 지금은 성인이 되었으리라! 자신들의 어린 시절 작품을 17년이 지난 지금 본다면 과연 어떤 느낌이 들까? 그 기분을 상상하며 조금 내려오니 큰 길이 나왔고, 탐방은 여기서 멈추었다.

★ 한양도성 성곽마을 장수마을 방문과 '여유새김 프로그램' 참여

(혜화문 ~ 한양도성 성곽길 ~ 낙산공원 ~ 장수마을 ~ 성곽마을 박물관 ~ 성곽마을

여행자카페 ~ 전각 만들기 체험)

한양도성 성곽마을에 관심을 가지다 보니 '한양도성 성곽마을 주민네트워크 사회
적협동조합'에서 개최하는 '성곽마을 여유새김 프로그램'을 알게 되었다. 예전부
터 꼭 방문하고 싶었던 장수마을과 최근 개관한 성곽마을박물관, 그리고 성곽마을
여행자카페도 프로그램 탐방 장소에 포함되어 있었다. 특히 전각 만들기 체험도
있었기에 주저 없이 예약 신청을 한 후 체험 프로그램에 참여했다.

'혜화문' 집결 후 한양도성 낙산 성곽길 순성

집결지인 혜화문에 도착했다. 마을 해설사님이 한양
도성에 대한 개괄적인 설명을 시작하면서 프로그램
은 시작되었다.

먼저 가톨릭대학교 뒷길을 시작으로 암문을 통해 낙
산공원으로 들어가는 코스였다. 해설사님께서는 축
조 시기별 성벽 크기 및 모양의 변화, 낙타를 닮았다
고 해서 낙산으로 이름이 명명되었다는 것, 그리고
임금 기준 좌청룡에 해당되는 구간이라 낙산 구간을
애지중지하게 여겼다는 등의 설명을 해주었다. 또한
각자성석에 대해 짚어 주었다.

이제 장수마을 옆 성벽길을 지나 암문을 통해 낙산
공원에 진입한 뒤 낙산공원을 둘러본 후 다시 암문
으로 나와 장수마을 골목길 안으로 들어왔다.

축조 시기별 성돌의 차이

'성곽마을박물관' 전시 관람

정겨운 골목을 걷다 보니 2021년 봄에 개관한 성곽마을박물관에 다다랐다. 1층에
는 전시 공간 등이 있고, 2층에는 성곽마을 예술가들의 굿즈 상품이 진열되어 있
다. 예쁘면서도 트렌드에 부합하는 상품들이 많았다. 아기자기한 공간들이 참 예뻤
다. 박물관이라기보다는 전시관 및 쉼터에 가까웠다.

'장수마을' 탐방

낙산 구간을 드나들며 지나가기만 했던 장수마을을 구석구석을 돌아보았다. 여느 성곽마을들과 비슷하면서도 묘하게 장수마을만의 매력이 있었다. 도시재생의 흔적이 강하지 않으면서도 은근하게 그 흔적이 남아 있는 곳 같아 좋았다. 과도하지 않고 자연스럽게 녹아들며 꾸며진 마을 느낌이었다.

성곽마을 여행자카페

가톨릭대학교 뒷길에서 조금 올라가면 그 왼쪽에 위치한 카페를 볼 수 있다. 간단한 식음료 등을 파는 곳으로, 안내소와 같은 역할을 했다. 생각보다 많은 관광객들이 이곳을 들러 순성길 등에 대해 문의를 한다. 그리고 이곳에서는 체험 프로그램도 열린다.

전각 만들기 체험(성곽마을 여유새김)

이날의 메인 이벤트는 전각 만들기 체험이었다. 전각이란 나무·돌·금옥 등에 전서체로 제작한 인장 또는 그림과 글자를 새기는 것을 말한다. 먼저 글귀를 새길 면에 대한 사포질을 하였다. 다음에는 종이에 이름을 쓴 글씨를 화선지에 본뜨고, 반대 면으로 돌려 전각에 맞춰 검정 플러스 펜으로 글씨를 덧씌운 후 도장 위에 글씨를 새겼다. 그런 다음 조각칼로 글씨를 팠다. 이 모든 과 정이 생각 이상으로 쉽지 않았다. 그렇게 해서 만든 세상에 하나뿐인 나만의 도장이 생겼다. 게다가 도장 케이스와 기념 품 배지도 받았다. 잊지 못할 추억, 소중한 물건을 얻은 시간 이었다.

한양도성 낙산 구간 일부를 순성하고, 낙산공원 전망 및 장수마을 골목길 탐방, 성곽마을박물관 전시물 관람, 성곽마을 여행자카페에서 잊지 못할 체험 프로그램 까지 경험하니 굉장히 만족스러웠다. 체험 프로그램을 참여한다면 더 좋겠지만, 그 냥 장수마을 골목길 탐방으로 둘러보아도 충분히 좋은 시간이다.

한양도성 성곽마을
3코스 창신권

①	②	③	④	⑤	⑥
동묘역	백남준 기념관	회오리마당	창신소통공작소	산마루놀이터	채석장 터

⑦	⑧	⑨	⑩	⑪
채석장 전망대	낙산공원	낙산공원 성곽 바깥 길	암문	흥인지문

● 백남준기념관 가는 법
  지하철 1호선, 6호선 동묘역 8번 출구 → 도보 3분
  지하철 1호선, 4호선 동대문역 3번 출구 → 도보 3분
  (매주 월요일 휴관, 관람 시간 : 오전 10시 ~ 오후 7시)

● 산마루놀이터 가는 법
  지하철 1, 4호선 동대문역 3번 출구 → 도보 500미터 (엘리베이터 이용시 6번 출구 이용)
  지하철 1, 6호선 동묘역 9번 출구 → 도보 500미터 (엘리베이터 이용시 1, 3번 출구 이용)
  (매주 월요일 휴관, 관람 시간 : 오전 9시 ~ 오후 7시, 단 11월에서 4월까지는 오후 6시)

● 채석강 전망대 가는 법
  지하철 6호선 동묘역(10번 출구), 창신역(4번 출구) → 마을버스 3번 → 낙산삼거리 하차 → 도보 4분
  (현재는 운영이 중단됨)

● 낙산공원 가는 법
  지하철 1, 4호선 동대문역(4번 출구), 1, 6호선 동묘역(10번 출구), 6호선 창신역(3번 출구)
  → 마을버스 3번 → 낙산공원 하차

3코스

한양도성 성곽마을

— 창신권 —

▌ 한양도성 성곽마을로는 총 9개 권역(이화 · 충신권, 부암권, 성북권, 혜화 · 명륜권, 삼선권, 광희권, 다산권, 창신권, 행촌권) 22개의 마을로 구성되어 있다. 이들 성곽마을은 문화재인 '한양도성'이 연접해 있어 개발이 제한되고 노후화가 심했다. 최근 미래 융합 자산으로서 성곽마을이 재조명되고, 주민들이 참여하는 성곽마을 재생사업이 시작되면서 많은 시민들이 한양도성 구간과 연계하여 성곽마을을 찾고 있다. 덜 붐비는 곳이면서도 힐링을 느낄 수 있는 곳으로 '창신권' 마을을 소개한다.

3코스 　창신권 성곽마을은?

창신 · 숭인은 흥인지문 밖에 자리한 지역을 말한다. 성 안팎을 관리하던 숭신방과 인창방에서 유래한 이름으로, 도심 상업과 봉제업 등으로 유명한 곳이다. 2014년 도시재생 선도 지역으로 선정, 2017년에는 주민 중심 지역재생회사(CRC)를 설립해 삶터를 개선하고, 일터와 일자리를 만들며, 역사 · 문화가 함께하는 쉼터를 만드는 재생을 진행하고 있다고 한다.

낙산공원을 출발점으로 잡아도 좋지만, 낙산공원과 성의 안쪽 길은 많은 분들에게 이미 알려진 곳이니만큼 백남준기념관을 출발점으로 하여 낙산공원 성 바깥 길로 해서 동대문까지 탐방하는 것을 택했다. 즉, 백남준기념관~회오리마당~산마루놀이터~채석장 전망대~낙산 구간 성 바깥 길~흥인지문 순으로 탐방하였다.

낙산 구간 성 안쪽에서 바라본 창신동 마을 일대

백남준기념관

한양도성과 성곽마을을 탐방했던 분들과 동대문 일대를 수도 없이 드나들었던 분들도 '백남준기념관'이 어디 있는지를 모르시는 분들이 꽤나 많을 것으로 짐작된다. 비교적 근래에 개관하기도 했지만, 무엇보다도 골목 안으로 들어가야 하기 때문일 것이다. 지하철역으로는 동묘역과 동대문역 사이 지점에 있는데, 동묘역 6번 출구에서 내리는 것이 동선에 있어 더 용이하다. 나오면 바로 박수근 집터 표지석이 보이고, 네팔 음식거리의 오른쪽 골목에 위치해 있다.

지도 검색으로 기념관을 향하는 골목길로 들어갔다. 외관이 참 소박하면서도 정겹고 예뻤다. 2017년 3월에 개관한 서울시립미술관 백남준기념관은 비디오 아트의 창시자이자 세계적인 현대 예술가 백남준(1932~2006)을 기억하고 기념하는 공간이다.

백남준기념관

백남준기념관 마당의 〈웨이브〉 작품   비디오 아티스트 백남준을 상징하는 작품

　서울시가 2015년 창신·숭인 도시재생 선도사업을 추진하는 과정에서 지역 주민들의 의견을 수렴해 백남준이 1937년부터 1950년까지의 성장기를 보낸 창신동 197번지 일대 집터에 위치한 한옥을 매입했고, 이를 백남준기념관으로 조성하게 되었다고 한다. 세계적으로 추앙받는 백남준의 생애와 예술적 발자취를 따라가며 그의 단상과 사유를 통해 작가가 추구했던 예술의 세계를 한 편의 평전처럼 읽을 수 있는 공간이라 할 수 있다.

　기념관 곳곳에는 그의 예술 철학이 담긴 몇몇 작품들이 설치되어 있었다. 입구에는 〈문-문-문〉이라는 제목으로 위-좌-우 3면에 모니터가 달려 있다. 이 모니터에는 34년 만에 귀국하여 창신동을 찾아오는 백남준의 모습과 오늘의 동대문, 창신동, 숭인동 풍경이 등장하는데, 정말 예술이다. 마당의 〈웨이브〉, 〈수-월〉이라는 조형물을 감상한 뒤

뉴욕 소호의 백남준 작업실을 재현한 모습

전시관 내부 한옥 건물로 들어갔다. 백남준의 이야기를 담은 판넬을 시작으로 여러 작품 및 전시물을 관람했다. 눈 호강을 제대로 할 수 있었다. 말로는 이루 다 표현할 수 없기에 그냥 와보시라고 말씀드리고 싶고, 정말로 자신 있게 방문할 곳으로 추천한다. 내부에는 카페도 있으니, 차 한 잔하면서 쉬어 가도 좋을 듯하다. 개관 시간은 오전 10시부터 오후 7시까지 운영하며, 매주 월요일은 휴관일이다.

백남준의 책상. 관람객들이 직접 책장을 넘기면 영상이 나오는 미디어 작품

백남준기념관 카페

회오리마당

백남준기념관에서 산마루놀이터까지는 가파른 오르막 골목길로 600미터 거리를 걸어야 하는데, 놀이터 도착 200미터 전쯤 '회오리마당'이라는 창신동 주민들의 공동시설물을 만날 수가 있다. 회오리마당 이란 이름은 바람처럼 주민들의 '바람'이 힘차게 올라오라는 뜻과 함께, '회오리' 처럼 구불구불 감긴 길에 위치해 있어 기

회오리마당 앞에 펼쳐진 회오리 길

억하고 부르기 쉬운 뜻이어서 지어졌다고 한다. 1층은 개방형 공간, 2층에는 창신동의 마을 미디어 '라디오 덤'이 자리 잡고 있고, 3층은 청년 미디어 활동 공간이다. 제법 고지대라 주변 전망도 좋았다.

산마루놀이터

회오리마당을 지나자 드디어 기대했던 장소인 산마루놀이터가 나왔다. 창신동의 봉제산업을 상징하는 골무를 형상화한 구조물이 너무 아름다웠다. 아이들은 물론이고 어른들에게도 환상의 공간이라는 생각이 들었다. 내부에 들어가면 우뚝 솟은 조형물이 압도하고 있는데, 거대 9미터의 정글짐이 눈에 들어온다. 아이들이 놀기에 좋은 곳이다. 그리고 나선형 길을 따라 올라가면 전망대가 있어 서울 도심의 광경을 볼 수 있다. 2019년 5월 오픈했는데, '대한민국 국토대전'에서 대통령상을 수상했을 정도로 아이들의 기호를 고려한 설계가 독특하다. 백남준 기념관과 마찬가지로 방문해보시기를 강력히 추천한다.

산마루놀이터 내부의 9미터 정글짐

2019년 '대한민국 국토대전' 대통령상을 수상한 산마루놀이터 전경

● 산마루놀이터 이용 안내

이용 시간은 하절기 5월~10월에는 오전 9시~오후 7시, 동절기 11월~4월에는 오전 9시~오후 6시이다. 단, 월요일은 휴관이며, 매월 마지막 주 목요일은 오후 9시까지 연장 운영된다. 또한 산마루놀이터에서는 여러 프로그램 및 놀이 활동도 진행된다고 하는데, 관심 있으신 분들은 전화(070-8181-0502/0504) 혹은 카카오톡(산마루놀이터 채널 추가)으로 문의하면 된다.

창신소통공작소

산마루놀이터 바로 위에는 '창신소통공작소'라는 생활창작예술 거점 공간이 있었다. 이곳은 2014년 '지역재생+예술'이라는 이름의 공공미술시범 사업 공모를 임옥상미술연구소와 함께 추진하여 2015년 10월에 탄생했다. 일상의 예술 공간으로 거듭나고 있는 곳이다. 창작예술 공간답게 건물이 멋졌고, 특히 건물 옥상의 전망대에서 바라보는 전망이 일품이었다. 종로문화재단과 지역주민협의회의 협력 구조로, 예술가들과 함께 프로그램을 기획하여 운영하고 있다. 주민들과 지역 예술가들의 꿈과 행복이 함께하는 공간이다.

이 건물 뒤편에는 도시농업 텃밭으로 산마루 텃밭을 운영하고 있었다. 2010년부터 종로구청은 건물 옥상이나 방치된 땅의 쓰레기를 무상수거하고 청소했다. 그리고 그 자리에 도시텃밭 103개소와 옥상텃밭 25개소를 조성해 고추나 오이, 토마토, 깻잎 등을 재배할 수 있게 했다. 그 일환의 하나가 이곳 텃밭이다.

도시농부 텃밭

텃밭은 아지자기하게 꾸며져 있다. 아치형 입구로 들어가면 화단의 꽃들도 보이고, 무엇보다도 벽면에 그려진 그림은 한눈에 시선을 사로잡는다. 창신동 골목을 배경으로 말타기 하는 아이들, 딱지치기 하는 아이들, 공기놀이 하는 아이들이 보인다. 70, 80년대 어린시절을 보낸 이들이라면 골목에서 즐겨하던 추억의 놀이들이다. 그림에는 마땅한 간식이 없던 때 군고구마와 뽑기를 즐겨 먹던 모습도 담겨 있다.

2014년 '도시재생 1호'로 선정된 창
신동은 1970년대 평화시장 일대의 봉제
공장들이 하나둘 넘어와 1980년에는 봉
제산업의 중심지가 된 곳인 만큼 그 시
절의 놀이와 상점과 먹거리들을 벽화에
새겨 그려놓은 것이다. 거대한 빌딩으
로 둘러싸인 세련된 거리에서는 결코
느낄 수 없는 추억의 향수를 자극하는
이 멋진 동네가 오래도록 남아 우리들
추억의 한 페이지를 계속해서 이어갔으
면 좋겠다.

건물 한 쪽으로는 철로 만들어진 앙
상한 나무 형상의 작품 〈천 개의 바람〉

〈천 개의 바람〉, 임옥상 작가 작품

이 세워져 있다. 멀리 인왕산과 백악산을 바라보며 바람 부는 언덕에서
바람을 그대로 느끼며 서 있다. 예술과 자연이 함께한 공간이었다.

채석장 전망대

산마루놀이터 위에 있는 창신소통공작소를 지나 조금 언덕을 올라
갔더니, 드디어 채석장 전망대가 보였다. 백 년 전 이곳은 경성부 직영
채석장으로 경성역(서울역), 경성부청(서울시청), 조선총독부, 조선은행
본점(한국은행) 등의 근대 서울의 기반이 되는 건축물들의 돌을 다듬던
곳이었다. 1960년대 채석장은 폐쇄되었고, 사람들은 깎아지른 절벽으
로 둘러싸인 이곳에 들어와 지형에 맞춰 집을 짓고 살았다. 동대문시
장·평화시장·광장시장 등과 가까워서 1970년대 말부터 이곳으로 봉
제 공장이 하나둘 들어왔고, 1980년대에는 우리나라 봉제산업의 중심
이 되었다.

먼저 전망대 카페에서 커피를 마시면서 앉은 채로 창신동 방면의

채석장 전망대 인근에서 바라본 전경

풍경을 감상했다. 그런 다음 계단을 통해 옥상으로 올라가 서울 도심
을 바라보았다. 사실 산마루놀이터와 창신소통공작소를 비롯해 창신동
의 고지대를 거치면서 이미 서울 도심 풍경을 여러 차례 보았지만, 좀
더 고지대에 있는 채석장 전망대 카페에서는 모든 방면에서 아름다운
도심의 광경을 볼 수가 있어 더욱 좋았다. 왼쪽에는 창신동의 주택가
뒤로 아파트가 병풍처럼 펼쳐져 있었고, 오른쪽에는 제2롯데월드까지
보이는 등 서울 도심이 훤히 보였다. 그리고 한쪽 방면에는 성벽을 뒤

채석장 전경

로 하여 N서울타워를 비롯한 명소들이 한눈에 들어왔는데, 그야말로 장관이었다. 개인적으로는 낙산 정상에서 바라본 광경보다 더 아름답다는 생각이 들었다. 서울 도심을 360도 회전하며 이렇게 바라볼 수 있는 장소가 얼마나 될까? 그야말로 서울의 숨겨진 비경을 볼 수 있는 곳으로, 오늘 탐방의 방점을 찍는 장소라 할 수 있었다. 언제든 좋지만, 해 질 무렵 이곳을 방문한다면 더욱 환상의 풍경을 볼 수 있기 때문에 일몰 장소로도 소리 소문 없이 입소문이 탄 곳이다. 하지만 2023년 3월 31일자로 이 전망대는 더 이상 운영하지 않고, 대신 근처 카페에서 아쉬움을 달랠 수 있다. 다시 운영이 재개되는 날을 기다려본다.

낙산 구간 성벽 바깥 길

낙산공원 표시판

채석장 전망대에서 조금 위로 올라갔더니 버스 정류장이 보였다. 걸어서 올라가는 것이 부담스러우신 분들이라면 버스를 타고 이곳에서 내릴 수 있음을 참고하시기 바란다. 그리고 5분 이내에 낙산공원 삼거리가 나왔다. 아, '이렇게 낙산공원으로 연결되는구나' 하는 생각이 들었다. 낙산 구간과 창신권 성곽마을이 연결되니, 낙산 구간을 순성할 때 창신권 성곽마을을 연계하시는 것도 좋은 방법일 것이다. 낙산 구간 성벽 안쪽 길을 최근 여러 차례 방문한 경험이 있었기에 오늘은 안으로 진입하지 않고 성벽 바깥 길로 걸어 내려갔다.

낙산공원 삼거리

두 번째 암문을 바깥 도성 순성길에서 통과하면 이화마을 하늘정원길과 연결되어 있고, 안쪽 도성 순성길에서 이 암문을 통과하면 창신동으로 연결된다.

성벽 바깥 길로 걸을 경우 성벽의 아름다움을 볼 수 있다는 것이 강점이다. 시대별로 성벽돌의 모습이 다름을 인식하면서 본다면 더욱 흥미로울 것이다. 까치도 보이고, 예쁜 꽃과 나무도 보이니 절로 힐링이 되었다. 만약 '성벽 안으로 걷고 싶은 마음이 생기면 어떡하지'라는 생각이 든다면 걱정 안 하셔도 된다. 이 짧은 구간에 암문이 두 번이나 나오기 때문이다. 이 암문을 통해 성 안으로 들어갈 수 있으며, 더 나아가 성 안쪽 마을인 이화마을까지도 탐방이 가능하다. 좀 더 한양도성과 성곽마을을 거닐고 싶다면 암문으로 들어가시라.

암문을 지나 성벽을 따라 걷는 내내 무척 행복했다. 성벽과 자연이 조화된 아름다운 길을 걸으니 행복하지 않을 수가 없었다. 그러다 어느 새 끝자락에 다다랐고, 올해 한 열 번 이상 마주한 것 같은 흥인지문을 보고 난 뒤 오늘의 탐방을 마쳤다.

정말 기대 이상으로 너무너무 좋았다. 백남준기념관, 산마루놀이터, 채석장 전망대, 그리고 성벽 바깥 길까지 다채로운 지점과 평소와 다른 방향에서 서울 도심을 볼 수 있어 매우 흥미로웠다. 또한 탐방 소요 시간도 두 시간이면 충분해서 부담스럽지 않았다. 누군가에게 탐방 루트를 추천해 드리기는 쉬운 일이 아니다. 개인의 취향 등에 따라 의견을 달리하기 때문에. 하지만 모든 것을 다 고려하더라도 이번 순서로 탐방을 하신다면 만족할 것이라고 자신 있게 말씀드리는 바이다. 꼭 탐방하시어 제가 느낀 행복감과 힐링을 여러분들도 느끼셨으면 한다.

낙산 구간 외부 순성길

한양도성 성곽마을
4코스 광희 · 장충 · 다산권

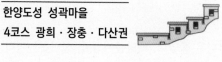

①	②	③	④	⑤	⑥
광희문	경동교회	서울석유주식회사	장충단로 186-1	장충동 먹자골목	남소영 광장

⑦	⑧	⑨	⑩	⑪	⑫
태극당	장충단공원	장충단 터	장충단비	수표교	장충단 기억의 공간

⑭	⑮
다산 외부 성곽길	다산 내부 성곽길

● 광희문 가는 법
  지하철 2호선, 4호선, 5호선 동대문역사문화공원(3번 출구) → 도보 1분

● 장충공원 가는 법
  지하철 3호선 동대입구역(6번 출구) → 도보 1분

● 국립극장, N서울타워 가는 법
  지하철 3호선 동대입구역(6번 출구) → 남산순환버스 01번 버스 → 국립극장 → N서울타워

● 다산 성곽길 가는 법
  지하철 3호선, 6호선 약수역(10번 출구) → 도보 10분
  지하철 3호선 동대입구역(6번 출구) → 장충공원 건너편 → 도보 10분

4코스

한양도성 성곽마을

— 광희 · 장충 · 다산권 —

┃ 성곽마을 광희·장충권에서는 역사적·상징적인 여러 건축물과 공간을 만나볼 수 있는 곳이고, 다산권에서는 마을과 성벽의 조화로운 경관을 만끽할 수 있는 곳이다. 과거와 현재가 마치 한 공간에서 다른 세상을 보여주듯이 다채로운 경험이 가능하다.

현재 광희·장충·다산권 성곽마을에서는 주민협의체를 구성하여 지역의 단체들과 함께 다양한 공동체 활동과 마을살이를 포함한 재생계획을 실천하고 있다.

4코스   광희·장충·다산권 성곽마을은?

한양도성 성곽마을 광희·장충·다산권은 자연스러운 느낌이 드는 곳이다. 큰 도로를 뒤로 하고 마을과 성곽이 있는데, 인위적이지 않고 자연스럽게 형성된 분위기가 물씬 든다. 광희권은 동대문 상권과 인접해 주거와 도심 기능이 혼재되어 있고, 장충권에는 족발타운 같은 먹거리 골목도 있다. 그리고 광희문과 장충단공원 등 꼭 방문해야 할 의미 있는 장소가 있다. 장충단공원은 단순히 현대인을 위한 휴식의 쉼터이기 전에 역사적 아픔을 기억하는 장소로, 을미사변(1895년) 당시 희생당한 군인과 충신들을 추모하기 위해 조성한 장충단과 장충단비가 있는 역사적 장소다.

광희·장충권에서는 성곽의 흔적이 적은 반면, 남산 자락에 장충체육관 및 신라호텔과 인접한 다산권에서는 한양도성 성곽의 매력을 충분히 느낄 수 있도록 성곽이 길게 이어져 있다.

광희문

성벽 흔적과 구 서산부인과 건물

지하철 2호선 동대문역사문화공원역 3번 출구로 나오면 광희문이 길 건너편에 바로 보인다. 우선 길을 건너기 전에 바로 옆 건물을 보고 가자. 하얀색 둥근 건물 주변을 둘러보면 왠지 좀 특이하다는 느낌을 받게 되는데, 건축가 김중업이 웅크린 태아의 모습과 자궁의 이미지 등을 형상화하여 만든 '서산부인과' 건물이다. 현재는 아리움 디자인 회사 사옥으로 사용 중이다. 그리고 그 건물 바로 옆 건물 벽에 성곽 흔적이 남아 있는데, 홍인지문에서 이간수문으로 연결되던 성곽의 일부분이 훼손된 것이다.

각자성석이 보이는 광희문 문루

광희문은 개인적으로 한양도성 문 중 가장 애정하는 문이다. 1396년 한양도성 창건 때부터 수구문(水口門)이라 불렸고, 도성 안에서 죽은 사람들의 시신이 나갈 때 지나는 문이라고 해서 시구문(屍軀門)이라고도 불렸다. 천주교 박해 시기에는 순교한 신자들의 시신이 이 문 밖으로 버려졌던 역사로 인해 천주교인들은 순교의 문으로 받아들인다. 그때나 지금이나 민중의 삶의 애환이 가득한 이곳이 좋다. 마치 쓰러져도 다시 오뚝이처럼 일어났던 우리네 삶과 닮아 있는 문이다. 1928년 일제강점기 때 훼손되었다가 1975년 복원되어 옛 모습을 갖추고 있지만, 성벽이 멸실되어 잔존 구간이 길지 않다.

성벽 바깥

성벽 안쪽

성벽 잔존 구간

성벽 멸실 구간 시작

경동교회

골목을 지나 중구 장충동 1가에 자리 잡은 경동교회를 보기 위해 대로변으로 향했다. 예전에는 이 교회 건물을 무심코 지나쳤는데, 성곽마을의 의미를 되새기며 걷다 보니 이제야 눈앞을 막고 선 장엄한 붉은 벽돌이 의미 있게 보인다. 40년 된 건물이 어쩜 이리도 트렌디한가! 건축학도들이 반드시 답사해야 하는 현대 건축 중 하나인 경동교회다.

올림픽 주경기장과 세운상가의 설계자인 김수근(1931~1986)의 설계로 1981년에 지금의 경동교회가 신축되었다. 메인 타워는 기도하는 손을 형상화하였고, 본당 진입로는 골고다 언덕을 오르는 예수의 고난을 형상화하였다. 건물 외벽은 깨진 벽돌로 마감했고, 십자가가 없는 예배당이 독특했다. 일제강점기에 지금의 경동교회 자리에는 일본의 토착 종교 천리교의 교당이 자리했었다. 1945년 창립한 한국기독교 장로회 경동교회(당시 선린형제단)에 불하된 이후 지금까지 이 자리를 지키고 있다.

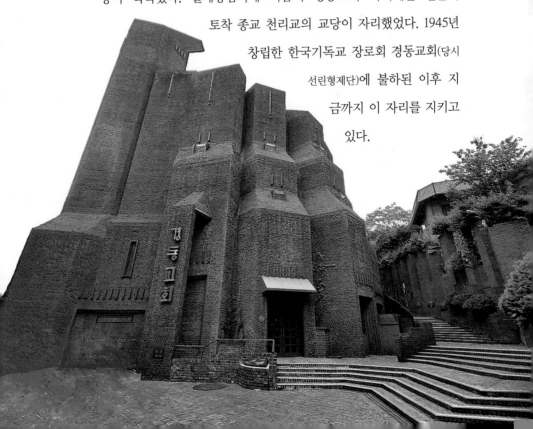

서울석유주식회사 사옥

경동교회 옆쪽에는 1962년에 설립된 서울석유
주식회사 사옥 건물이 있다. 서울석유주식회사는
SK석유류 제품을 전국에 판매하는 유통회사다.
이 건물은 건축가 임재용이 설계하여 2007년에
완공한 7층 건물로, 철망이 건물을 덮고 있는 모
습이 이색적이었다. 건물의 1~2층은 주유소로 활
용하고, 3층은 주차장으로 사용하고 있는데, 이
주유소는 서울에서 가장 오래된 주유소 중 하나
이다. 60년째 주유소 자리를 지키고 있다는 것이
대단했다.

서울석유주식회사 사옥

장충단로 186-1 골목길

장충단 먹자골목을 조금 지나면 색색의 타일과
그림으로 장식한 대문 옆에 '장충단로 186-1' 지
번이 보이고, 작은 마을이라고 쓰여 있다. 어느 집
대문 같아 보이지만, 이 문을 열면 전혀 상상할 엄
두조차 내지 못한 좁은 골목길이 펼쳐져 있다. 마
치 80년대 홍콩 영화에서 본 듯한 집들이 다닥다
닥 붙어 있는 풍경을 만나게 된다. 뜻밖의 풍경이
주는 낯선 당혹함에 잠시 골목길을 바라보았다. 서
울은 이렇게 다양한 얼굴을 하고 있구나.

최근 이 골목이 SNS에서 유명세를 타면서 대문과 집들이 파스텔톤으로 단장되었다. 거주민들이 살고 있기에 조용히 방문하기를 권한다.

장충동 먹자골목

사실 장충동 하면 가장 먼저 떠오르는 것은 족발 아닌가. 건너편으로 건너가니 그 유명한 장충동 족발 골목이 나왔다. 늘 시작은 미약하듯 처음에는 두 개의 족발집으로 시작했다는데, 70년대 후반부터 80년대 초반을 거치면서 급성장했다고 한다. 서울에서 꼭 가봐야 할 골목으로 꼽히기도 하는 이 골목은 서울미래 유산에 등재되어 있다. 50여 년의 역사를 간직한 고유한 특색을 지닌 곳이다.

남소영 광장과 태극당

남소영 광장은 2018년에 조성되었다. 남
소영(南小營)이란 남소문 옆에 있던 터(장충
동에서 한남동으로 넘어가는 고갯길 부근)에 있던
조선시대 어영청(御營廳)의 분영이며 수도방
위의 임무를 띤 조선 후기 군사 주둔지에서
딴 이름이다. 이곳은 과거에 남산에서부터
이간수문까지 흐르는 한양도성의 물길 중

김홍도가 그린 〈남소영도〉 (고려대학교박물관 소장)

하나인 '남소문동천'이 있었지만, 아쉽게도 1967년도쯤 물길은 사라
지고 길이 되었다고 한다. 김홍도(1745~1806)가 그린 〈남소영도〉를 통해
당시 여흥을 즐기는 모습과 음식을 장만하는 여인들의 모습이 그려져
있어 남소영의 모습을 짐작할 수 있게 해 준다. 복구하기는 사실상 불
가능해 보인다. 이렇게나마 옛 흔적을 남기는 것도 좋은데, 기왕이면
좀 더 확실하고 의미 있게 그 흔적을 새겼으면 좋겠다.

남소영 광장의 한쪽 구석 편에는 서울에
서 가장 오래된 빵집 태극당의 건물이 보였
다. 1945년 광복 후 일본인이 운영하던 '미
도리야' 제과점의 제과기계를 인수하여 이
듬해 명동에 태극당을 열었는데, 이곳 장충
동에는 1973년에 자리 잡았다. 건물 외부와
내부에서 모두 그 깊은 역사의 아우라를 느
낄 수 있었다.

태극당

장충단공원

도심 속 공원인 장충단공원은 역사적으로 의미 있는 곳이자 바로 세워야 할 역사의 현장이기도 하다. 현재 동국대학교와 신라호텔 사이에 위치해 있는 장충단공원은 조성 당시에는 국립극장, 반얀트리 호텔, 남산 자유센터, 그리고 신라호텔까지 아우르는 넓은 지역이었다. 1900년 (광무 4) 고종은 이곳에 임오군란과 갑신정변, 그리고 을미사변(1895년 일본에 의한 명성황후 시해사건) 때 희생당한 충신들과 군인들의 넋을 기리기 위해 장충단(獎忠壇)을 세워 매년 봄가을로 제사를 거행하였다.

하지만 1919년 일제에 의해 공원이 조성되면서 추모 공간의 의미가 훼손되었고, 급기야 1932년에는 장충단을 허물고 장충단 동쪽 언덕 위 (지금의 신라호텔 영빈관 자리)에 이토 히로부미를 기리기 위한 사찰인 박문사(博文寺)를 건립하기에 이른다. 이때 경희궁의 정문인 흥화문(興化門)을 가져다 경춘문(景春門)이라고 불렀다. 해방 후 박문사는 화재로 인해 철거되었고, 한국전쟁 때 장충단의 사당과 부속건물이 파괴되었다.

일제에 의해 장충단은 공원으로 조성되었고, 현재 공원 표식은 제거되었다.

1959년 이승만 대통령은 이 자리에 국빈용 영빈관을 지으라고 지시했지만, 4·19 혁명과 5·16 군사 쿠데타로 인한 시대 상황으로 1967년에야 영빈관이 완공되었다. 이후 1978년 청와대 영빈관이 신축되기까지 국빈 영접은 이곳에서 이루어졌다.

1973년 박정희 정권에서 영빈관 주변 땅이 민간기업에게 헐값에 매각되었고, 곧바로 이 땅은 삼성그룹으로 편입되어 1979년 신라호텔이 들어서게 된다. 신라호텔 영빈관 정문으로 사용되던 경희궁 흥화문은 1988년 경희궁 복원 계획으로 경희궁 터로 옮겨졌고, 현재 신라호텔 정문은 경희궁의 흥화문을 본떠 만든 것이다.

현재 남아 있는 '장충단비'는 원래 신라호텔 내에 있었는데, 일제에 의해 뽑혀 제자리를 찾지 못하다가 해방 후 원래의 위치에 세워졌지만, 호텔 개발로 인해 지금의 장충단공원 자리로 옮겨졌다. 남산의 동쪽 기슭에 위치한 장충단공원에는 사명대사 동상, 이준 열사 동상 등을 비롯해서 장충단비, 수표교 등이 있다.

언덕 위 장충단을 허문 자리에 들어선 박문사. 아랫 부분은 경춘문이라 불린 경희궁 흥화문

경희궁의 흥화문을 본떠 만든 신라호텔 정문

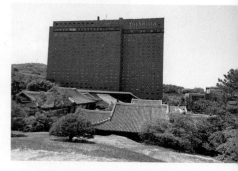

장충체육관 뒷길에서 바라본 신라호텔과 영빈관

장충단비

장충단공원 가운데에는 장충단비가 있다. 비석에 새겨진 '奬忠壇'이라는 글자는 대한제국 마지막 황제인 순종의 친필이다. 1900년 고종 황제가 을미사변(1895년 발생한 명성황후 시해사건) 때 나라를 위해 목숨을 바친 충신들의 혼을 위로하기 위해 단(초혼단)을 세웠는데, '충성을 장려하기 위한 제단'이라는 뜻의 '장충단(奬忠壇)'이라고 명명하면서 지금의 장충동이 유래되었다. 우리나라 최초의 추모공원인 현충원이라 할 수 있는 상징성을 가지고 있다. 한국전쟁 때 사당 및 여러 부속 건물이 파괴된 후 아직도 제향 공간으로서의 모습을 찾지 못하고 있다. 역사적 의미가 깊은 곳이기에 한 번쯤 방문하여 그 숨겨진 의미를 되새기기를 바란다.

장충단 터 표지석

수표교

수표교(水標橋)는 원래 청계천에 있었는데, 1959년 청계천 복
개 공사 때 이곳 장충단공원 안으로 옮겨졌다. 수표교에는 가
뭄과 홍수를 대비해 물의 높이를 측량하기 위한 '수표'가 있었
다. 이때 장충단공원으로 수표도 같이 옮겨졌었는데, 1973년
에 다시 세종대왕박물관으로 옮겨 보관하였다. 2004년 청계천
복원 공사 때 지금의 청계천에 다시 수표교를 세웠다. 즉, 현재
의 청계천 수표교는 복원된 다리이다.

수표교의 사례만 봐도 우리나라 역사가 얼마나 격동의 시기를
겪었는지 알 수 있다. 아무튼 장충단공원과 수표교가 제법 잘
어울렸다. 수표교에서 바라본 전경도 좋았다.

청계천박물관에 전시 중인 수표

1959년 청계천 복개 공사로 장충단공원으로 옮겨 온 수표교

2004년 청계천 복원으로 세워진 수표교

장충단 기억의 공간

남산에 최근 조성된 '남산 예장공원'과 '기억의 터' 등 기억의 공간이 많이 있는데, 이곳에도 기억의 공간이 있었다. 장충단의 건립과 구조, 시련 등의 역사와 이와 관련된 우리나라 현대사에 대한 내용이 전시되어 있다. 서울 중구청에서 대한제국 이후 장충단과 남산의 역사를 보여주기 위해 2017년 12월 20일에 개관했다. 전시 주제는 '장충단과 남산이 들려주는 역사이야기'로, 그동안 몰랐던 장충단의 의미 있는 해설들을 접할 수 있다. 내부 공간과 구성에 있어 아쉬운 점도 있긴 하지만, 다른 한편으로는 이러한 공간의 존재 자체로도 충분하다는 생각도 들었다. 장충단공원을 찾는다면 꼭 기억의 공간도 방문하기 바란다.

장충단의 역사적 의미를 알기 위해 꼭 한 번 방문해볼 장소이다.

다산 성곽의 외부 순성길

다산 성곽길을 걷기 위해서 장충단공원에서 장충체육관 방면으로 길을 건넜다. 지난 봄 남산 구간 순성 때 내부 순성길을 탐방했기에 이번에는 외부 순성길로 올라간 다음 내부 순성길로 내려왔다.

내부 순성길의 가장 큰 매력이 높은 곳에서 바라보는 '전망'이라면, 외부 순성길의 가장 큰 매력은 '성벽'을 고스란히 감상할 수 있다는 점을 들 수가 있다. 왼쪽에는 마을, 오른쪽에는 성벽. 정말 낭만 있고 매력적인 길이 아닐 수 없다. 좌우 모두 보며 걷느라 눈이 바빴고, 또한 즐거웠다.

다산 성곽길은 태조부터 숙종 및 순조 시기까지 시기별로 다양한 모습의 성벽돌을 볼 수 있어 보는 재미가 있는 곳이다. 중간에 암문을 통

성곽마을공원에서 바라본 외부 순성길과 신라호텔

내부 순성길로 들어가는 암문

해 내부 순성길로의 진입도 가능했지만, 오늘은 아름다운 성벽을 만끽하기 위해 오르막길 끝까지 외부 순성길로 걸어 나갔다. 한양도성의 긴 성곽길 중 가장 최애하는 곳이다. 성곽마루에 다다를 즈음에 작은 성곽마을공원이 있고, 그 맞은편에 다산성곽도서관이 있다. 이 도서관에서는 성곽을 바라보며 책을 읽을 수 있는 야외 테라스와 작은 카페가 있어 잠시 쉬어가기에도 안성맞춤이다. 감탄하며 걷다 보니 오르막길임에도 힘들지 않았으며, 금세 성곽마루에 도착했다. 아주 오래된 성벽을 돌아 내부 순성길로 내려갔다.

다산성곽도서관 앞쪽에 조성된 성곽마을마당

다산성곽길 옆 다산성곽도서관 야외 테라스에서 바라본 성벽

내부 순성길

미세먼지로 인한 영향이었을지도 모르지만, 지난번 남산 구간 순성 때는 날이 다소 어두웠다. 그런데 이번에는 그야말로 더할 나위 없이 날이 좋았다. 아예 파란 하늘보다 약간의 구름이 어우러진 하늘이 더 멋지다고 생각하는데, 이날 하늘이 바로 그랬다.

성벽 멀리 도심 풍경을 보면서 숲길을 걷고, 비둘기의 날갯짓도 보너스로 보면서 치유와 힐링의 순성길이 되었다. 거의 다 내려왔을 무렵에는 왼쪽 신라호텔 부지의 조형물도 구경할 수가 있다는 것이 다산 성곽길만의 특징이다. 넋 놓고 걷다 보니 순식간에 내부 순성길을 다 내려왔다.

외부 순성길의 끝 지점에서 끊긴 오래된 성벽

한양도성 성곽마을
5코스 행촌권

① 서울역사박물관　② 경희궁　③ 경교장　④ 돈의문 박물관마을　⑤ 월암근린공원　⑥ 홍난파 가옥

⑦ 권율 장군 집터　⑧ 딜쿠샤

- 서울역사박물관, 경희궁 가는 법
  지하철 5호선 광화문역(7번 출구) → 도보 10분
  (매주 월요일 휴관, 관람 시간 : 오전 9시 ~ 오후 8시(3월~10월), 토요일과 일요일은 오후 7시

- 경교장 가는 법
  지하철 5호선 서대문역(4번 출구) → 도보 5분 → 강북삼성병원 내 위치
  (매주 월요일 휴관, 관람 시간 : 오전 9시 ~ 오후 6시)

- 월암근린공원 가는 법
  지하철 5호선 서대문역(4번 출구) → 도보 10분

- 딜쿠샤 가는 법
  지하철 3호선 독립문역(3번 출구) → 독립문 사거리에서 좌회전 → 사직터널 방면에서 좌회전
  (매주 월요일 휴관, 관람 시간 : 오전 9시 ~ 오후 5시 30분)

5코스

한양도성 성곽마을

― 행촌권 ―

■ 행촌권 성곽마을은 돈의문 터와 창의문 사이 인왕산 자락에 위치한 권역으로, 은행동과 신촌동이 합쳐져서 행촌이 된 곳이다. 앨버트 테일러의 가옥이었던 '딜쿠샤', 백범 김구 선생의 사저인 '경교장', 돈의문박물관마을, 홍난파 가옥 등 합하고 핫한 지점들이 밀접해 있는 매력적인 곳이다. 비교적 근래에 개관하거나 혹은 복원 개방되어 모르시는 분들도 많아 소개해 드리기 좋은 장소이기도 하다. 이 외에도 경희궁, 사직단 등 궁궐 문화를 둘러볼 수 있어 한양도성과 함께 역사문화 지역을 동시에 탐방할 수 있는 곳이다.

5코스   행촌권 성곽마을은?

행촌권 성곽마을에 위치한 딜쿠샤와 경교장은 인기가 높은 장소이니만큼 좀 더 자세히 알기 위해서는 전시해설 예약을 추천드린다. 관람 예약을 위해 서울시 공공서비스 예약 홈페이지를 이용해 경교장 및 딜쿠샤 전시해설 예약을 할 수 있다. 현재 도슨트 투어는 돈의문 박물관마을 홈페이지에서 예약할 수 있다.

돈의문 박물관마을에서 조금 언덕 위로 올라가면 월암근린공원과 홍난파 가옥, 그리고 딜쿠샤가 있다. 이 일대에는 경희궁, 서울역사박물관, 농업박물관, 쌀박물관, 4·19혁명기념도서관, 단군성전, 사직단, 황학정 등 역사적으로 의미 깊은 볼거리가 무궁무진하다. 이번에는 경교장~돈의문 박물관마을~월암근린공원~홍난파 가옥~권율 장군 집터~딜쿠샤 순으로 둘러보았다.

● 행촌권 일대 둘러보기

경희궁 흥화문

황학정

사직단

단군성전

서울역사박물관

경교장

강북삼성병원 내 응급실 바로 옆에 석조 건물 경교장이 자리 잡고 있다. 백범 김구 선생의 숨결이 깃든 경교장을 보니 가슴이 먹먹해졌다. 무엇보다도 김구 선생이 서거한 장소였기 때문이 아닐까.

백범 김구 선생은 이곳을 사저와 집무실로 사용하면서 대한민국 임시청사로 사용하였다. 외관으로는 다소 아담해 보였는데, 막상 안으로 들어가 보니 공간이 꽤나 넓었다. 1층에는 응접실과 귀빈식당, 임시정부 선전부 활동 공간 등이 있고, 2층에는 김구 침실 및 거실(집무실), 임시정부 요인 숙소와 응접실 등이 있다. 바로 2층 집무실 한편 창가 책상에서 백범은 총탄에 맞고 돌아가셨다. 그리고 지하층에는 3개의 전시실이 있다. 제1전시실은 경교장의 역사를 소개하고, 제2전시실은 대한민국 임시정부가 걸어온 길을 소개하고 있으며, 제3전시실은 백범 김구와 임시정부 요인에 대해 소개하고 있다.

경교장

백범 김구 선생이 서거한 2층 집무실 옆 창가 책상

1938년 일제강점기에 건립된 이 건물은 최창학이라는 금광업자가 지은 일본식 건물이었다. 갑신정변 당시 주한 일본공사였던 다케조에 신이치로(竹添進一浪)의 성을 붙인 동네에 지어져서 처음에는 '죽첨장' 이라 불렸으나, 김구 선생이 입주하면서 '서대문 경교장'으로 불렸다.

1945년 해방을 맞아 11월 23일, 중국에서 귀국한 김구 선생과 임시 정부 요인들은 이곳을 대한민국 임시정부의 근거지로 활용하였다. 김 구 선생은 혼란스러운 해방 정국에서 신탁통치 반대운동과 남북통일 정부 수립 등을 이곳에서 추진했지만, 안두희의 흉탄에 맞아 사망했다. 이곳은 김구 선생이 입주한 1945년 11월부터 사망한 1949년 6월 26일 까지 3년 7개월 간 사용하였다가 최창학에게 반환되었고, 1949년 이후

1층 응접실

2층 집무실

에는 타이완 대사관저로, 베트남 대사관, 그리고 한국전쟁 때에는 미국 특수부대가 주둔하는 등 여러 차례 주인이 바뀌었다. 1967년부터는 삼성재단에서 매입하여 강북삼성병원 본관으로 사용되었다. 서울시와 복원에 합의하여 2005년 국가 사적으로 승격되었고, 2013년 3월에 전시관이 개방되었다.

경교장 탐방 내내 마음이 무겁기도 했고, 임시정부 요인들이 존경스러웠다. 그 어떤 말로도 설명하기 힘들다. 이곳 경교장에서 역사적으로 굉장히 의미 깊은 시간을 직접 보고 느끼는 것이 좋을 듯싶다.

● 경교장 지하층 전시관 둘러보기

윤봉길 의사와 맞바꾸었던 유물들

서거 당시 입었던 피 묻은 저고리

임시정부 환국 환영식장에서 이승만과 김구
(1945년 12월 1일, 서울운동장)

대한민국 임시정부 요인들

돈의문 박물관마을

경교장 근처에 위치한 돈의문 박물관마을은 서울의 100여 년 역사를 지금은 소실된 돈의문(敦義門: 한양도성의 서대문)을 컨셉으로 해서 전시·공연·교육·모임 등을 통해 체험할 수 있는 박물관 마을이다. 2017년 10월 개관했는데, 마을 단위 도시재생의 첫 사례이다. 시민들에게 무료 개방하고 있으며, 전시 관람은 월요일은 휴관으로, 오전 10시에서 오후 7시까지이다. 각 건물마다 지역의 어르신들이 근무한다는 것이 퍽 인상적이었다.

마을을 찬찬히 다 둘러보려면 하루가 꼬박 걸릴 듯하니, 본인에게 흥미로운 지점을 정해서 다녀오길 바란다. 혼자서도 마을 지도 등을 보며 충분히 관람할 수 있다. 이번에는 소실된 돈의문을 가상 체험할 수 있는 돈의문 VR체험관과 돈의문역사관 등을 중심으로 둘러보았다.

● 돈의문 박물관마을에 그려진 추억 벽화 둘러보기

돈의문역사관

'아지오'와 '한정'으로 구성되어 있다. '아지오'에서는 1396년에 세워진 돈의문과 그 역사에 관한 내용이 전시되어 있다. 돈의문으로 외국 사신이 자주 드나들었으며, 백성들 또한 자주 드나들었기에 일대에 상권이 발달했다고 한다. '아지오' 2층에서는 새문안 동네와 도시재생사업 관련된 내용을 엿볼 수 있다. '한정'에서는 도시재생으로 탄생한 돈의문 박물관마을에 대해 전시하고 있다.

서울미래유산

서울미래유산은 서울의 역사를 미래 세대에게 전하기 위해 가치가 있는 자산을 발굴하여 보전하는 프로젝트로, 2013년부터 서울특별시가 진행하고 있는 사업이다. 서울을 대표하는 유산 중 국가 및 서울시가 지정하는 등록문화재로, 등재되지 않은 유형·무형 자산을 선정 대상으로 하고 있다.

돈의문구락부

'구락부'는 '클럽(Club)'을 한자로 음역한 근대의 사교 모임을 말한다. 대한제국 시기 정동에는 다양한 국적의 외국인들이 거주하고 있었고, 그들은 조선의 개화파 인사들 사교 모임을 가지면서 문화 교류를 하였다. 마을에 주소지를 둔 외국인들의 생활문화 등 근대 돈의문 마을의 모습을 보여주는 곳이다. 영화에 나올 법한 장면들이 펼쳐져 있어 흥미로웠다.

1층은 구락부와 신여성의 방으로 구성되어 있고, 또 다른 방에는 딜쿠샤의 주인인 앨버트 테일러의 동생이자 조선 최초의 자동차 딜러인 윌리엄 W. 테일러가 소개되어 있다. 2층은 서양식 고급 바(bar)와 당구대가 설치된 것으로 보아 담배와 음악과 술을 통해 친교를 나누던 근대 서울의 모습을 상상하게 한다.

월암근린공원 가는 길

돈의문 박물관마을에서 조금만 언덕 쪽으로 올라가
면 월암근린공원이 나온다. 여기에서는 근래에 조성한
한양도성 성벽을 볼 수 있다. 이렇게라도 복원하고 흔
적을 남긴 것이 너무 좋았다. 그리고 공원 안에는 〈대
한매일신보〉를 창간하고 을사늑약의 무효를 주장했던
어니스트 베델(Ernest Thomas Bethell, 1872~1909)의 집터
를 알려주는 표지석이 있었으며, 공원 끝자락에 홍난
파 가옥이 있었다. 담쟁이 덩굴이 집을 감싸는 계절이
되면 고풍스런 분위기를 자아내는 곳이다.

어니스트 베델 집터 표지석

월암근린공원 가는 성곽길

홍난파 가옥

홍난파 흉상

우리나라 최초의 바이올리니스트이자 서양 음악가로 인정받고 있는 홍난파(1898~1941)의 가옥은 정동에서 보았던 여느 건축물과 같이 붉은 벽돌로 지은 단아한 모습이었다. 1900년 초반 송월동에 독일영사관이 위치해 있어서 이 일대는 독일인들의 거주지였고, 이 집은 1930년대 독일인이 지은 집이다. 홍난파는 1935년부터 1941년 6년 동안 이 집에 머물렀다. 내부에는 벽난로가 있고, 외벽 창문을 감싼 담쟁이 덩굴이 세월의 흔적을 보여주고 있다.

근대문화유산으로 지정된 홍난파 가옥

국가등록문화재로 지정된 근대문화유산이다.

  홍난파는 〈봉숭아〉(원래 제목은 〈봉선화〉)를 비롯하여 〈봄처녀〉, 〈성불사의 밤〉, 〈옛동산에 올라〉 등과 같은 가옥과 〈고향의 봄〉, 〈낮에 나온 반달〉, 〈풍당풍당〉, 〈자장가〉, 〈오빠 생각〉 등 100여 곡의 동요들을 작곡하였다. 실내에서는 우리 귀에도 익숙한 홍난파의 음악들이 잔잔히 흐르고 있어 여행객을 잠시 어린 시절로 안내해준다. 음악만으로도 힐링이 되는 곳이다.

  그가 이 집을 특히 사랑했던 이유는 안방 창문으로 바라보이는 인왕산이었다고 한다. 아침에 침대에서 눈을 뜨면 창문 너머로 인왕산이 그림처럼 펼쳐졌으니 말이다. 이제 그 자리에는 의자가 비치되어 있으니 잠시 앉아서 인왕산의 멋진 풍경에도 빠져 볼 수 있다.

인왕산을 배경으로 자리 잡은 홍난파 가옥

● 홍난파 가옥 내부 둘러보기

벽난로가 있는 거실

침실에서 바라본 인왕산

권율 집터와 은행나무

홍난파 가옥에서 딜쿠샤까지는 멀지 않다. 골목으로 들어서면 붉은 색 딜쿠샤 건물이 보이고, 오른쪽으로 거대한 은행나무가 보인다. 그리고 '권율 도원수 집터'라는 표지석이 눈에 띈다. 임진왜란 때 행주대첩을 이끈 도원수 권율(1537~1599) 장군의 집터로, 은행나무는 500여 년 넘었다. 이 거대한 은행나무로 인해 '행촌동'이라는 지명이 탄생했을 정도로 유명한 나무다. 오랫동안 방치되어 집 없는 사람들이 모여 살던 딜쿠샤를 앨버트의 아들인 테일러가 찾아낼 수 있었던 이유가 어린 시절 살았던 집 근처의 아주 큰 은행나무에 대한 기억 때문이었다고 한다. 주인 잃은 딜쿠샤를 찾아준 정말 멋진 은행나무이지 않은가!

권율 장군 집터

권율 장군 집터의 은행나무

딜쿠샤

행촌권 답사지 선정 및 동선을 짜는 데 중심이 된 곳이 바로 딜쿠샤다. 1층에는 손님들을 초대해 파티를 열던 거실이 재현되었고, 2층에는 일상생활을 한 거실이 재현되어 있었다. 이와 함께 앨버트 테일러에 관한 이야기와 가옥 복구 과정 등에 대한 내용이 소개되어 있었다. 서울시는 2017년 딜쿠샤 고증 연구를 거쳐 2018년 복원 공사에 착수했으며, 해당 공사는 2020년 12월 완료돼 2021년 3·1절을 기해 일반에 공개되었다. 국가등록문화재로도 지정되었다.

딜쿠샤(DILKUSHA)는 페르시아어로 '기쁜 마음'이라는 뜻으로, 앨버트 테일러와 메리 테일러 부부의 집 이름이다. 앨버트는 광산기술자인 아버지를 따라

1926년 딜쿠샤

딜쿠샤 정초석 1923

기쁜 마음의 집, 딜쿠샤

1897년 조선에 들어왔고, 1917년 인도에서 메리와 결혼한 후 조선에서 광산과 '테일러 상회'를 경영하였다. 앨버트는 연합통신의 통신원으로도 활동하면서 1919년 3·1운동이 일어나자 이 사실을 전 세계에 알리는 중요한 역할을 했다.

테일러 부부는 한양도성을 순성하던 중 은행나무가 있는 지금의 이 터를 발견하고 1923년 집을 짓기 시작해서 1924년 딜쿠샤를 완성하였다. 인도여행에서 영감을 받아 메리는 이 집의 이름을 딜쿠샤라고 지었다. 앨버트와 메리는 1942년 일본에 의한 외국인추방령으로 한국을 떠날 때까지 이곳에서 머물렀다.

한국에서 추방된 후에도 앨버트는 한국을 그리워해 다시 돌아가기 위해 애썼으나, 1948년 심장마비로 세상을 떠나고 말았다. 1948년 해방과 함께 그의 유해만이 돌아와서 양화진 외국인 선교사 묘지에 안치되었다. 이후 2005년 그의 아들 브루스는 자신이 어린 시절을 보낸 집을 찾아냈고, 브루스의 딸은 테일러 가문의 자료를 서울역사박물관에 기증함으로써 딜쿠샤가 세상에 알려지게 되었다.

정동길을 걸으며 붉은 벽돌의 근대 건축물 외관만 많이 보았는데, 이날 이렇게 가정집에서 사용했던 그 당시 물건들이 정갈하게 전시된 내부를 볼 수 있어 의미가 깊었다. 무엇보다도 우리나라를 위해 애써주신 테일러 가족의 헌신적 공헌을 꼭 기억해 주길 바라는 마음이다.

● 딜쿠샤 내부 둘러보기

앨버트 테일러

테일러 부부가 지인들을 불러 파티를 열던 1층 거실

복원된 계단

메리 테일러가 그린 금강산

메리 테일러

테일러 부부가 일상생활을 보내던 2층 거실

보존된 벽난로

아치형 창문

한양도성 성곽마을
6코스 부암권

①	②	③	④	⑤	⑥
자하문고개	청운동문학 도서관	윤동주 시인의 언덕	윤동주문학관	창의문	무계원

⑦	⑧	⑨
반계 윤웅열 별장 (부암정)	자하미술관 서울미술관	석파정

● 윤동주문학관, 청운문학도서관, 창의문 가는 법
지하철 3호선 경복궁역(3번 출구) → 지선버스 1020, 7022, 7212번 자하문고개, 윤동주문학관 하차
(매주 월요일 휴관, 관람 시간 : 오전 10시 ~ 오후 6시)

● 무계원 가는 법
지하철 3호선 경복궁역(3번 출구) → 지선버스 1020, 7022, 7212번 부암동주민센터, 무계원 하차
(매주 월요일 휴관, 관람 시간 : 오전 9시 ~ 오후 6시)

● 석파정 서울미술관 가는 법
지하철 3호선 경복궁역(3번 출구) → 지선버스 1020, 7022, 7212번 자하문터널 입구, 석파정 하차
(매주 월요일 휴관, 관람 시간 : 서울미술관 오전 10시 ~ 오후 6시, 석파정 오전 11시 ~ 오후 5시)

6코스

한양도성 성곽마을

─ 부암권 ─

▎ 한양도성 성곽마을들은 각기 그만의 매력을 가지고 있다. 특히 자연과 한옥이 어우러진 부암권은 남녀노소 모두가 사랑하는 곳이다. 부암동 일대는 멀리서 보면 굉장히 이국적인 느낌이 드는 곳이면서도 세부적으로 명소에 가보면 한국적인 색채가 묻어 나오는 것을 확인할 수 있다. 또한 자연 속에 위치한 마을이라는 큰 매력이 있는 곳이기도 하다. 이처럼 다채로운 매력의 한양도성 성곽마을 부암권이다. 인왕산 구간 혹은 백악 구간과 연계하여 다녀오시길 추천드린다.

6코스　부암권 성곽마을은?

창의문 밖 부암권 마을에는 큰 바위가 있어 이 바위에 돌을 붙이면 아들을 낳을 수 있다는 속설이 전해 온다. 이 바위를 부침바위, 한자로 부암(付巖)이라 하여 부암동이라는 지명이 여기에서 유래하였다고 한다.

이 부암권 마을에서는 아름다운 정원을 가진 정자들이 유명한데, 흥선대원군의 별장 석파정과 안평대군의 별서(別墅) 무계정사 터(현재 무계원 근처), 반계 윤웅렬의 별장인 부암정, 조선시대 별서 유적지인 백석동천 등이 있다. 또한 윤동주문학관, 환기미술관, 자하미술관, 석파정 서울미술관, 목인박물관 목석원 등 문화예술 공간이 많아 다양한 관람을 계획할 수 있다. 최근에는 한옥도서관으로 유명한 청운문학도서관과 초소책방이 SNS의 입소문을 타고 많은 방문객들이 모여드는 곳으로 힙한 장소가 되었다.

청운문학도서관

먼저 버스 정류장에서 근거리에 있는 청운문학도서관을 첫 방문지로 정하고 이동했다. 무엇보다도 이 도서관은 기존의 고정관념을 깨는 한옥 공공도서관이다. 숭례문 복원에 사용된 지붕 기와와 같은 방식으로 제작된 수제 기와를 사용하였고, 돈의문 뉴타운 지역에서 철거된 한옥 기와 3천 장을 재사용해서 지었다고 한다.

먼저 한옥의 모습을 한 창작실과 세미나실, 그리고 정자가 한눈에 들어왔다. 자연과 어우러진 한옥이 운치 있었는데, 이곳 정자에서 바라보는 폭포가 SNS에 퍼져 유명세를 탄 곳이다. 한 층 내려오면 일반열람실과 어린이열람실이 있다. 열람실은 오전 9시에서 오후 9시까지(토요일은 오후 7시), 도서관은 오전 10시에서 오후 6시까지 개방한다.

인왕산을 배경으로 자리 잡은 청운문학도서관 전경

● 청운문학도서관 둘러보기

창작실, 세미나실, 정자

일반열람실과 어린이열람실 입구

지친 여행객에게 쉼터가 되어주는 작은 한옥 정자

한옥 정자 내부에서 바라본 폭포는 '비류삼백척'만큼이나 그 소리 우렁차다.

윤동주 시인의 언덕

청운문학도서관을 나와 인왕산 자락에 위치한 '윤동주 시인의 언덕'으로 올라갔다. 시인의 언덕 주변 지역에서 사방팔방 빼어난 경치가 눈에 들어왔다. 야외 특설무대 같은 공간도 있었고, 성곽길로의 산책로도 보였다. 짧은 성곽길을 따라 걷다 보면 건너편 창의문이 바라다보이고 백악산도 눈에 들어왔다. 윤동주 영혼의 터에는 '윤동주 시인의 언덕' 글귀가 적힌 바위와 그의 대표작 〈서시〉 전문이 새겨진 바위가 인상적이었다.

죽는 날까지 하늘을 우러러
한 점 부끄럼이 없기를,
잎새에 이는 바람에도
나는 괴로워했다.
별을 노래하는 마음으로
모든 죽어 가는 것을 사랑해야지
그리고 나한테 주어진 길을
걸어가야겠다.

오늘 밤에도 별이 바람에 스치운다.

이곳은 삶에 지친 우리들의 영혼의 터이기도 하다. 암울한 식민지 상황 속에서도 희망을 잃지 않고 노래한 윤동주의 삶을 생각하며 잠시 시인의 언덕에서 명상에 젖어본다. 자신이 가는 길이 새로운 길이라고 긍정하는 시인의 또 다른 목소리 〈새로운 길〉을 음미해본다.

내를 건너서 숲으로
고개를 넘어서 마을로

어제도 가고 오늘도 갈
나의 길 새로운 길

민들레가 피고 까치가 날고
아가씨가 지나고 바람이 일고

나의 길은 언제나 새로운 길
오늘도
내일도

길 내를 건너서
숲으로 고개를 넘어서 마을로

시인의 언덕 도성길에서 바라본 북한산과 창의문 일대

윤동주문학관

시인의 언덕을 내려오면 작은 카페가 전망대처럼 위치해 있고, 그 아래에 '윤동주문학관'이 있다. '윤동주문학관'은 윤동주(1917~1945) 시인의 발자취와 세상을 향한 시선을 기억하고자 2012년에 개관하였다. 인왕산 자락에 버려져 있던 청운수도가압장과 물탱크를 개조해서 의미 있는 전시관으로 재탄생시킨 곳이다.

입구로 들어가면 먼저 제1전시실이 있다. 이곳에는 책자들과 신문 스크랩, 육필 원고와 사진 등이 전시되어 있어 윤동주의 일대기를 한눈에 보여준다. 제2전시실은 '열린 우물'로 아무런 전시도 없이 낡은 공간 너머 뻥 뚫린 하늘 공간이 나타난다. 해설사님은 그 하늘 우물에 우

윤동주문학관

제2전시실-열린 우물에서 바라본 하늘

리의 내면을 비추어보라고 안내해주었다. 제3전시실은 '닫힌 우물'로 캄캄한 실내에서 윤동주의 일대기를 상영하고 있다.

암울한 일제강점기에 태어난 윤동주는 저항시를 통해 일제에 항거한 독립운동가였다. 1938년 연희전문대학교 문과에 합격한 그는 조선 어로 시를 쓰면서 문학 활동을 이어갔다. 하지만 1943년 7월 10일 일본에 유학 중이던 당시 '교토 조선인 민족주의 사건'으로 일본 특별고등경찰에 체포되어 1년 7개월의 옥고를 치르게 된다. 이때 감옥에서의 생체 실험 후유증으로 1945년 2월 16일 27세의 나이에 요절하였다. 그가 남긴 수많은 명시는 사후 《하늘과 바람과 별과 시》(1948)라는 유고집으로 출판되어 오늘날 우리들 내면을 울리고 있다.

● 윤동주문학관 전시실 둘러보기

제2전시실-열린 우물

제3전시실-닫힌 우물

창의문 현판

창의문

길을 건너 처음 내렸던 자하문고개 버스 정류장을 지나 창의문(彰義門)으로 걸었다.

'창의문'은 '올바른 의(義)를 드러내는(彰) 문(門)'이라는 의미로, 정도전이 지었다고 한다. 백악 구간의 출발점이자 인왕산 구간의 종착점으로, 올해 세 번째 방문이다. 그나마 보존이 잘된 한양도성의 북소문이다. 하지만 창의문보다는 '자하문(紫霞門)'이라는 이름으로 더 잘 알려져 있다. 영화 〈기생충〉으로 유명해진 자하문 터널이 여기 이곳 지명 속 장소이다. 그리고 버스에서 내린 이 정류장 이름도 자하문고개 아닌가. 자하문은 '자핫골의 문'이란 뜻으로, 한양 천도 이후 창의문 일대의 풍광이 마

창의문 안쪽

치 개성의 명승 '자하동(紫霞洞)'과 비슷하여 '자핫골'로 불렸던 것에서 유래했다고 한다.

창의문은 1396년(태조 5)에 세워졌으며, 1416년(태종 16)에 이곳의 통행이 불길하다는 풍수지리설에 의해 폐문되었다가 1506년(중종 1)에 다시 열었다. 그리고 1623년(광해군 15) 인조반정 때 반정 세력이 창의문을 도끼로 부수고 성 안으로 들어가 광해군을 폐위시키고 인조를 옹립함으로써 반정에 성공한 역사를 가지고 있다. 이후 조선왕조의 국왕들은 인조의 혈통으로 이어졌고, 그 정통성을 위해 영조 18년(1742)에는 인조반정의 반정 공신들의 이름을 문루의 현판에 새겨 걸기도 했다.

백악 구산 순성 때는 창의문 옆 계단으로 올라갔다면, 이번에는 창의문을 통과하여 무계원으로 발걸음을 옮겼다.

창의문 바깥 성벽

● 창의문 둘러보기

창의문 홍예 천장의 봉황 문양. 창의문 밖 계곡에 지네가 많아 천적으로 닭 대 신 봉황 문양을 새겨 넣었다고 한다.

1623년 인조반정을 성공시킨 것을 기념하여 영조 18년(1742) 반정 공신들의 이름을 새긴 계해정사공신록(癸亥靖社功臣錄) 현판을 창의문 문루에 걸었다.

무계원

무계원(武溪園)으로 가려면 부암동주민센터로 내려와야 한다. 부암동 주민센터에서 인왕산까지 560미터에 이르는 무계정사길을 따라가면 머물고 싶은 곳, 무계원에 다다른다.

무계원은 2014년 3월 개원한 도심 속 전통문화 공간으로, 한옥과 한국의 전통문화를 체험할 수 있는 곳이다. 안채와 사랑채, 행랑채, 그리고 안마당과 뒷마당으로 구성되어 있는데, 건물들은 과거 종로구 익선동에 있었던 요정이자 서울시 등록음식점 1호 오진암(悟眞庵)의 건물 자재를 재사용하여 지어졌다고 한다. 조선 말기 서화가 이병직의 집이기도 했던 오진암은 1910년에 지어진 대표적인 상업용 도시한옥으로서 보존 가치가 인정되었으며, 7·4 남북공동성명을 도출해 낸 역사적인 장소이기도 하다. 2012년 헐릴 위기에 처하자 안평대군의 별저 무계정사 터로 이축한 후 무계원으로 이름 지었다.

무계정사길에서 바라본 무계원 전경

안견의 〈몽유도원도〉를 전시하고 있는 행랑재

안채와 안마당이 보이는 무계원

조선 초기 이곳은 세종대왕의 셋째 아들 안평대군이 꿈 속에서 본 무릉도원의 계곡처럼 보인다 하여 무계동(武溪洞)이라 불렸고, 무계정사(武溪精舍)를 지어 별저로 사용하였다. 안평대군이 직접 쓴《무계수창시》'병서'에 다음과 같이 소개하고 있다.

"나는 정묘년(1447) 4월에 도원 꿈을 꾸었다. 작년(1450) 9월에 우연히 이곳을 유람하다가 국화꽃이 계곡물에 떠내려오는 것을 보고, 다래 넝쿨과 바위를 부여잡고 계곡을 올라가서 보니, 풀과 나무와 물가의 그윽한 모습이 내가 꿈에 본 도원의 모습과 흡

디지털로 재생된 〈몽유도원도〉는 폭포와 복사꽃 피는 마을을 생생하게 전달해 준다.

사했다. 그래서 금년(1451) 이곳에 서너 칸의 집을 짓고 무릉 계곡의 뜻을 취하여 '무계정사'라 했다. 이곳은 진실로 정신을 편안케 하는 은자의 땅이로다."

안평대군은 자신이 꾼 꿈을 안견에게 들려주었고, 안견은 3일 만에 〈몽유도원도夢遊桃源圖〉를 그렸다. 그리고 4년 후 꿈에서 본 도원과 흡사한 이곳에 무계정사를 세워 시를 읊고 활을 쏘며 선비들과 교류하였다. 하지만 안평대군이 역적으로 몰려 죽은 뒤 폐허가 되었다.

현재 무계원 행랑채에는 〈몽유도원도〉 영인본이 전시되어 있고, 원본은 현재 일본 덴리대학교 중앙도서관에서 소장하고 있다. 이곳 전시실에서는 디지털 화면으로 〈몽유도원도〉를 3차원으로 재생해낸 그림을 감상할 수 있다. 복사꽃 날리고 폭포수 흐르는 도원의 생생한 느낌을 현대적 기술로 재현해 놓았으니 꼭 한 번 감상해보기를 권한다. 고즈넉한 한옥의 아름다운 속에서 무릉도원을 꿈꿀 수 있는 무계원은 2021년 서울미래유산으로 지정되었다.

● 무계원 둘러보기

무계원 뒤편에서 바라본 지붕 기와. 앞쪽 안채는 오진암의 전통 기와를 활용한
것이고, 뒤쪽 사랑채 기와는 개량 기와라는 차이점을 확인할 수 있다.

뒷마당의 굴뚝

무계원을 둘러싼 뒤편 담장

반계 윤웅렬 별장과 자하미술관

무계원 인근에는 소설 《운수 좋은날》, 《빈
처》의 저자인 현진건의 집터 표식이 있고,
이곳을 지나 올라가면 반계 윤웅렬 별장이
인왕산을 등지고 백악산을 마주보며 있다.
부암정(傅岩亭)이라고도 불리는 곳이다.

반계 윤웅렬(1840~1911)은 조선 후기 개화
파 무신으로, 구한말 개화파 지식인 윤치호
(1865~1945)의 아버지이기도 하다. 윤웅렬은
1906년에 이곳 부암동에 터를 잡고 가장 먼
저 2층 벽돌집을 지었다. 이 집은 중국 상하
이의 건축 양식을 접목시킨 것이다. 이후 이

1906년 건축된 2층 벽돌집

반계 윤웅렬 별장. 일반인에게 내부는 공개하고 있지 않다.

집을 상속받은 그의 셋째 아들 윤지창이 한옥을 증축했고, 근대 건축물과 한옥의 변천 과정에 대한 가치를 인정받아 서울시 민속문화재로 지정되었다.

이 집의 담장 밖으로 개울물이 흐르는 것으로 보건대, 안평대군의 꿈을 그린 안견의 〈몽유도원도〉에서 보이는 폭포의 풍경이 사실이었으리라 짐작해보며, 그 옛날 무릉도원을 꿈꾸며 무계정사길을 걸었을 안평대군을 상상해본다. 한옥의 고즈넉함을 느낄 수 있고, 어느 시선에서나 들어오는 인왕산과 백악산의 멋에 반하게 되는 무계정사길이다. 그리고 백악산을 품은 아름다운 풍경은 이 길의 끝 가장 높은 곳에 세워진 자하미술관에서 절정을 이룬다.

자하미술관에서 바라본 백악산 풍경

석파정 서울미술관

석파정(石破亭)을 보기 위해서는 서울미술관으로 가야 한다. 우선 석
파정을 품고 있는 서울미술관으로 들어가 2층 안내 데스크에서 입장료
를 낸 뒤 4층 석파정을 향해 엘리베이터로 이동했다. 입장하자마자 도
심 속 숨겨진 자연의 모습이 드러났고, 오른쪽으로 한옥도 보였다. 본
래 이곳은 8채로 이루어져 있었다는데, 지금은 안채, 사랑채, 별채만이
남아 그 원형을 유지하고 있다. 이 가옥들을 일컬어 '흥선대원군 별서'
라고 부른다. 흔히 석파정은 흥선대원군의 호 석파(石破)에서 이름을 따
온 작은 정자 하나만을 가리킨다.

석파정은 '왕이 사랑한 정원'이라는 별칭이 있다. 이곳은 조선 말기
에 조영된 근대 유적지로, 서울특별시 유형문화재이다. 황현의 《매천

석파정을 품고 있는 서울미술관

흥선대원군 별서 전경

야록》에 의하면 석파정은 철종 때 영의정을 지낸 김흥근의 별서였는
데, 고종 즉위 후 이곳에서 내려다보이는 풍경과 주변의 정취에 마음을
빼앗긴 흥선대원군이 고종을 하룻밤 머무르게 하였고, 조선의 관례에
따라 왕이 머문 곳은 불가침의 장소가 되어 신하가 머물 수 없게 되자
이곳을 흥선대원군이 별서로 쓰게 되었다고 한다.

　흥선대원군이 소유권을 가지게 된 이후부터 1900년대 중반까지는
그의 직계 후손들이 머물렀다. 한국전쟁 직후에는 천주교의 콜롬바 고
아원으로 사용되기도 하였다. 이후 소유권이 명확하지 않아 관리가 되
지 않던 석파정은 1997년 석파문화원으로 인수되어 현재와 같은 모습
을 되찾았다.

사랑채와 천세송

사랑채는 외부 손님들을 맞이하는 공간이었다. 가옥이 멋스러웠는데, 특히 창문 너머로 보이는 노송의 모습이 백미였다.

사랑채 바로 옆에 위치한 거대하고 오래된 이 노송의 이름은 '천세송'으로, 천년을 살기 바라는 마음에서 지어진 이름이라고 한다. 약 650년의 세월을 견뎌온 것으로 추정되며, 서울특별시 지정보호수 제60호로 지정되어 있다. 석파정하면 가장 먼저 떠오를 만한 상징적인 존재로 기억되고 있다.

별채

천세송을 뒤로 하고 계단을 올라가니 별채가 나왔고, 빨간 벤치가 보였다. 석파정 곳곳에 이 같은 컬러풀한 벤치가 있는데, 의외로 전통 가옥과 묘하게 조화로웠다. 별채에는 고종이 머물렀던 방이 있었다. 그곳에서 바라보는 전망이 일품이라 왕이 머무를 만한 방이었다.

산책길

별채를 지나 산책길을 올라갔다. 자연 속을 걸으니 마음이 무척이나 평온해졌다.

그 길의 막바지 즈음 담장에는 이중섭의 그림 등 몇몇 벽화가 보였다.

너럭바위

산책길을 따라 지상으로 쭉 내려오니 가장 구석진 곳에 우람하고 위압적인 거대한 바위가 나타난다. 석파정 가장 높은 곳에 위치한 너럭바위로, 코끼리를 닮았다고 한다. 비범한 생김새와 인왕산의 영험한 기운을 담고 있다고 하여 치성의 장소로 유명했던 곳이다. 이 바위 앞에서 아이 없는 부부가 소원을 빌어 득남했다는 이야기가 있어 '소원바위'라고 불리기도 한다.

석파정

너럭바위를 돌아 평온한 숲길을 걸어가다 보면 석파정(石坡亭)이 아래에 보인다. 흥선대원군 별서에 자리 잡은 정자로, 흥선대원군의 호 '석파(石坡)'를 따서 석파정이라고 부른다. 백운동천 계곡이 흐르는 곳 위에 벽돌 기단을 쌓고 그 위에 건물을 올렸다. 기단 각 면 가운데는 아치로 홈을 파고 문살과 난간을 장식하였는데, 이국적인 느낌을 준다. 석파정으로 들어가는 조그만 다리 평석교 또한 매우 독특하다. 전통적인 한국의 정자와 달리 화강암으로 바닥을 마감하고 기둥에 꾸밈벽과 지붕을 청나라풍으로 꾸민 정자다. 청나라 양식을 많이 가미했기 때문에 한국의 정자 형태로는 보기 드문 양식이다.

석파정은 '유수성중관풍루(流水聲中觀楓樓)', 즉 '흐르는 물소리에 단풍을 바라보는 누각'이라는 의미도 갖고 있다. 이곳에서 물소리를 들으며 가을날 붉게 물든 단풍을 바라보면 온갖 고민거리가 사라질 정도로 힐링이 될 것만 같았다.

문살과 낙양각 장식

평석교

신라 3층 석탑

숲길을 내려오면 신라 3층 석탑이 위치해 있다. 2층의 기단 위에 3층의 탑신을 쌓아 올린 전형적인 통일신라 시대 석탑의 모습이다. 경주의 개인 경작지에서 수습해 현재의 모습으로 조립되었고, 2012년 이곳에 위치되었다고 한다.

소수운련암 각자

석파정을 짓기 전부터 있었다고 전해지는 바위로, '소수운련암 한수옹서증 우인정 이시 신축세야(巢水雲簾庵 寒水翁書贈 友人定而時 辛丑歲也)'라는 글귀가 새겨져 있다. 즉, '물을 품고 구름이 발을 치는 집'이라는 뜻이다. 이곳과 매우 어울리는 뜻의 글귀로 빼어나게 아름다운 경관을 짐작하게 하는 내용이다. 숙종 때 문신인 조정만의 별장인 '소운암'이 있었을 때 새겨진 것이다.

삼계동 각자

숙종 때 별장인 '소운암' 이후 이곳에 철종 때 영의정을 지낸 안동 김씨 세도가 김흥근이 별서를 지어 '삼계정사(三溪精舍)'로 부르고, 집 옆 거북바위에는 '삼계동(三溪洞)' 각자를 새겼다. 세 개의 계곡이 흐른다는 뜻 그대로 아름다운 경치를 자랑한다. 안평대군이 무계동에 무계정사를 지어 무릉도원을 꿈꾸었다면, 이곳은 삼계동의 무릉도원 삼계정사인 셈이다.

소수운연암 각자에서 바라본 백악산 풍경

쿠사마 아요이의 〈호박〉이 보이는 풍경